www.ingramcontent.com/pod-product-compliance
Lightning Source LLC
LaVergne TN
LVHW052127041026
849558LV00011B/276

ایران شناسی

جلد چهارم

استان
آذربایجان غربی (باختری)

ایران،
سرزمین گوناگونی‌ها
و دیدنی‌های بی‌همتا

دکتر منصور قربانی

(مدیر مرکز پژوهشی زمین‌شناسی پارس آرین‌زمین، مدیر مسئول مجله سرزمین‌های پارس‌آرین و عضو هیئت علمی دانشگاه شهید بهشتی)

سریال کتاب: P۲۳۴۵۳۳۰۱۵۹
عنوان: استان آذربایجان باختری (غربی)
نام سری: مجموعه سی وسه جلدی ایران‌شناسی
زیرنویس اثر: ایران، سرزمین گوناگونی‌ها و دیدنی‌های بی‌همتا
ویراستار: فرزاد رضازاده
ویرایش فنی: مریـم کلائـی، محمد آریا امینی
صفحه‌آرایی: مهری اسکوئی
طراح جلد و طراحی کاراکتر جلد: محبوبه لعل‌پور
عکاسان: حسن الماسی، علی ثقفی، مینا رضازاده، همکاران آرین زمین،
شابک: ISBN: ۱-۰۵۶-۷۷۸۹۲-۱-۹۷۸
موضوع: تاریخ، فرهنگ، طبیعت و ایرانشناسی
مشخصات کتاب: قطع وزیری، جلد مقوایی
تعداد صفحات: ۲۳۰
تاریخ نشر ادیشن فارسی: فوریه ۲۰۲۶
انتشارات در کانادا: انتشارات بین‌المللی کیدزوکادو
انتشارات اولیه در ایران: آریـن زمیـن، تهران

KIDSOCADO PUBLISHING HOUSE
VANCOUVER, CANADA

تلفن: ‎+1 (823) 333 7248
واتس آپ: ‎+1 (236) 333 7248
ایمیل: info@kidsocado.com
وب‌سایت: https://www.kidsocado.com

این کتاب را با افتخار پیشکش می‌کنم به

مردم شریف و فرهیخته‌ی ایران؛

سرزمینی که ریشه‌های فرهنگ، هنر و

دانایی‌اش، جهان را سرافراز کرده است.

فهرست مطالب

پیش نوشتار

مجموعه سی‌وسه جلدی ایران‌شناسی

که پـور فریدون نیای من‌ست

همه شهر ایران سـرای من‌ست

«فردوسی»

طبیعت، فرهنگ، تمدن، هنر و زندگی مردم ایران‌زمین، از دیرباز همچون رنگین‌کمان، تجلی‌بخش هویت مشخصی به نام هویت ایرانی برای جهانیان شده است. این هویت ملی، ریشه‌گرفته از دانش و بینش، فرهنگ و هنر و الهام‌یافته از طبیعت، اقلیم و تاریخ و تمدن درهم‌تنیده این سرزمین با بیش از ۵۰۰۰ سال قدمت و غنای روزافزون در تاریخ و تمدن بشری، نقش‌ها آفریده است.

چشم فروبستن بر عظمت ایران و تنوع طبیعت، فرهنگ و تمدن و نیز آموختن و آشنایی با آن، چیزی نیست که درخور ملت و اقوام بزرگ آن باشد؛ هرچند کوشش‌های زیادی برای شناساندن ایران توسط اندیشمندان ایرانی و خارجی صورت گرفته است، اما هنوز جای بسیاری برای این تلاش‌ها، به‌ویژه برای شناساندن این مرزوبوم به نسل‌های جوان شامل بخش تحصیل‌کرده، دانشجویان، دانش‌آموزان، برنامه‌ریزان و دست‌اندرکاران وجود دارد. آگاهی برخی از مردم از جغرافیا، تاریخ، تمدن، هنر، طبیعت و پتانسیل‌های ایران چنان اندک است که گویی هزاران کیلومتر دورتر از ایران زندگی می‌کنند. فرزندان یک یا دو نسل اخیر که به خارج از کشور مهاجرت کرده‌اند نیز از نعمت آشنایی با کشور مادر خود دور مانده‌اند. عدم آشنایی جهانیان از طبیعت ایران چنان است که ایران را کشوری با اقلیمی خشک و کویری می‌دانند. نه‌تنها سرسبزی و زیبایی شمال ایران و جنگل‌های هیرکانی، بلکه مناطق زیبا و دیدنی پراکنده در سرتاسر ایران‌زمین، ازجمله جنگل‌های ارسباران و زاگرس و سرسبزی‌های آن‌ها و نیز هزاران دره ژرف و قله‌های سربه آسمان کشیده، از کوه‌های زاگرس و البرز، بحر آسمان، هَزار، شاهو و یا باغ‌های میناب و

رودان و نخلستان‌های دالکی، برازجان و حومه و روستاهای فاریاب، تنگ‌زرد اهرم و زیبایی‌های کم نظیر کوهرنگ، آبشارهای بیشه و مارون، غارهای علی‌صدر، قوری‌قلعه، نخجیر، دریاچه‌های میان‌کوهی، تالاب‌ها، کوه‌ها، غارهای نمکی و عظمت کویرها و هزاران مورد از این زیبایی‌های طبیعی و بی‌نظیر، برای بسیاری همچنان ناشناخته‌اند.

سه مشخصه زیر با نقش بسزایی که در هویت ایرانی داشته‌اند، در تدوین مجموعه ایران‌شناسی مورد توجه بوده است:

۱- جغرافیا و مورفولوژی سرزمین ایران یا به‌عبارتی، مجموعه طبیعت و موقعیت جغرافیایی ایران زمین.

۲- پیشینه تاریخی و برآمدن تمدن‌های بزرگ و حاکمیت با ثبات و فراگیر در دنیای باستان و نیز مبارزات هویت‌طلبی و نقش آن‌ها در خلق تمدن دوران بعد از اسلام.

۳- ویژگی‌های فرهنگی که خود زائده دو مشخصه اول و دوم می‌باشد و نیز تعامل بین اقوام ایرانی و انیرانی، جنگ‌ها و نزاع‌های رخداده در طول چندهزار ساله تاریخ و تمدن ایران و همچنین مهاجرت‌ها و کوچ‌ها که به دلخواه برای زیست بهتر و اجبار در نتیجه تغیرات اقلیم و یا عملکرد حاکمیت ها رخ‌داده است.

اهداف موردنظر در تدوین این مجموعه عبارت‌اند از:

- آشنایی هموطنان از طبیعت، واقعه‌های تاریخی و جغرافیایی ایران، جایگاه فرهنگ و هنر کشور و همچنین تاریخ و سابقه تمدنی هر استان؛ با امید جبران کمبود اطلاعات فراگیر در این زمینه‌ها به شکل مصور و به‌روز آمده است.
- تأمین منابعی برای نیازهای امروز ایرانیان و تمام گردشگران داخلی و خارجی در عرصه ایران‌شناسی با تأکید بر جنبه‌های گردشگری و زیبایی‌های طبیعی، تاریخی و فرهنگی ایران در یک مجموعه بزرگ و فراگیر.

به‌طور چکیده برای اینکه عموم بدانند که ایران کجاست؟ چه دارد؟ چگونه کشوری است و از تاریخ و فرهنگ آن، چه می‌دانیم؟ طبیعت، تاریخ و فرهنگ هر استان و شهرستان چه ویژگی‌هایی دارند؟

این مجموعه با عنوان ایران‌شناسی فزون بر توجه به پیکره طبیعت، تاریخ و فرهنگ ایران، با توصیف گردشگری شهری، طبیعت‌گردی و زمین‌گردشگری می‌خواهد نمایانگر تمدن، هنر، فرهنگ، طبیعت و جغرافیای ایران برای هم‌وطنان، جهانیان و به‌خصوص گردشگران باشد. بطوریکه هر گردشگرِ جویای اطلاعات از طبیعت، تمدن، جغرافیا، هنر و فرهنگ این سرزمین و هر شهر آن، منبعی مفید و مستند را بیابد.

مجموعه ایران‌شناسی که تمدن، هنر، فرهنگ، تاریخ و جغرافیای طبیعی ایران‌زمین را با دیدگاه گردشگری به‌صورت یک دایره‌المعارف نشان می‌دهد، در ۳۳ جلد تدوین و منتشر می‌شود. طبیعی است که تمدن، فرهنگ و هنر و طبیعت ایران آن‌قدر بزرگ و متنوع است که نمی‌توان گستردگی کامل آن را در این مجموعه ۳۳ جلدی جای داد. درنتیجه، این مجموعه آیینه‌ای است که به‌شکل گزیده، کلیاتی را به انتخاب و توصیف نگارنده، برپایه تجربیات و گشت‌وگزارهای مفصل طی سالیان دراز در گوشه و کنار کشور، عرضه کند. برای غنای بیشتر مطالب نیز از منابع لازم و معتبر استفاده شده است.

جلد اول این مجموعه کلیات طبیعت، تاریخ و فرهنگ ایران را به‌طور اجمالی بیان می‌کند. این جلد (با شماره پیاپی جلد دوم) به زبان انگلیسی منتشر شده است.

جلد سوم تا سی‌وسوم، مختص هر استان (با افزودن نام هر استان) با عنوان عمومی ایران سرزمین گوناگونی‌ها و دیدنی‌های بی‌همتا تدوین‌شده است. محتوای هریک از کتاب‌های استان، در پنج فصل به‌شرح زیر گردآوری‌شده است:

فصل اول: جغرافیا، طبیعت، اقلیم، پوشش گیاهی و جانوری و منابع طبیعی. فصل دوم: تاریخ استان و شهرهای آن. فصل سوم: مردم‌شناسی، فرهنگ و میراث فرهنگ. فصل چهارم: شهرها، روستاها و جاذبه‌های دیدنی آن‌ها. فصل پنجم: طبیعت و زمین‌گردشگری آن‌ها.

در این کتاب‌ها فزون بر تاریخ و طبیعت استان‌ها، مکان‌های دیدنی، تاریخی و باستانی، طبیعت (کوه‌ها، رودخانه‌ها، چشمه‌ها، غارها، آبشارها و...)، جاده‌ها و پدیده‌های زمین‌شناسیِ موردتوجه و تحسین همگان معرفی می‌شوند. در این مجموعه، ریشه نام‌گذاری شهرها و وجه‌تسمیه مکان‌ها نیز آمده است؛ بنابراین هرخواننده، گردشگر و پژوهشگر با خواندن این مجموعه، متوجه جغرافیا، طبیعت و تاریخچه آن سرزمین و دیدنی‌های شهری و طبیعت آن می‌شود، که برای وی راهنمای کاملی برای سفر به آن دیار خواهد بود. گفتنی است که تمام هزینه‌هایی که برای این اثر از ابتدای تولید تا مرحله چاپ توسط نگارنده (مرکز پژوهشی آرین زمین) تامین شده است.

کتاب‌های استانی که به‌ترتیب حروف الفبا ردیف شده‌اند، در اصل هریک به منطقه‌ای از ایران اشاره دارد که به‌شرح زیر می‌باشد:

جلد سوم- استان آذربایجان شرقی، جلد چهارم- استان آذربایجان غربی، جلد پنجم- استان اردبیل، جلد ششم- استان اصفهان، جلد هفتم- استان البرز، جلد هشتم- استان ایلام، جلد نهم- استان بوشهر، جلد دهم- استان تهران، جلد یازدهم- استان چهارمحال و بختیاری، جلد دوازدهم- استان خراسان جنوبی، جلد سیزدهم- استان خراسان رضوی، جلد چهاردهم- استان خراسان شمالی، جلد پانزدهم- استان خوزستان، جلد شانزدهم- استان زنجان، جلد هفدهم- استان سمنان، جلد هجدهم- استان سیستان و بلوچستان، جلد نوزدهم- استان فارس، جلد بیستم- استان قزوین، جلد بیست و یکم- استان قم، جلد بیست و دوم- استان کردستان، جلد بیست و سوم- استان کرمان، جلد بیست و چهارم- استان کرمانشاه، جلد بیست و پنجم- استان کهگیلویه و بویر احمد، جلد بیست و ششم- استان گلستان، جلد بیست و هفتم- استان گیلان، جلد بیست و هشتم- استان لرستان، جلد بیست و نهم- مازندران، جلد سی‌ام- استان مرکزی، جلد سی و یکم- استان هرمزگان، جلد سی و دوم- استان همدان و جلد سی و سوم- استان یزد.

در این مجموعه، در ارتباط با منابع استفاده شده، اشاره گردیده است که به‌جز اطلاعاتی که از بروشورها و تابلوهای سازمان میراث فرهنگی، صنایع‌دستی و گردشگری استان‌ها، سایت‌های استانداری استان‌ها و شهرداری‌ها مورد بهره‌برداری قرارگرفته است که دسترسی آن‌ها برای عموم آزاد است. جمعیت شهرها و استان‌ها از مرکز آمار ایران برپایه آخرین سرشماری سال (۱۳۹۵-۱۴۰۰) اقتباس شده است. تمامی عکس‌هایی که در این مجموعه آورده شده‌اند، توسط همکاران مرکز پژوهشی زمین‌شناسی پارس آرین زمین به‌همراه نگارنده تهیه شده و هر عکسی که خارج از آرشیو این مرکز آورده شده باشد، همراه با منبع ذکرشده است. گفتنی است که تمام پدیده‌های طبیعی و زمینی و بناهای تاریخی، شهرها و جاده‌ها و پدیده‌های توصیف شده در این مجموعه، طی سالیان سال پژوهش‌های ایران شناسی و زمین شناختی از سوی نگارنده، مورد مشاهده، مطالعه و ارزیابی قرار داشته است.

منصور قربانی

«استان آذربایجان باختری (غربی)»

استان آذربایجان باختری واقع در شمال باختر کشور است و با چهار کشور ارمنستان، نخجوان، متعلق آذربایجان، باکو، ترکیه و اقلیم کردستان عراق هم مرز است. این استان تاریخی دیرینه دارد. سنگ نبشته‌های اوراتوری، یادگار ماناها و شواهد بارزی از دیگر تمدن‌های کهن چون جام حسنی لو در این استان وجود دارد.

آثار دوران ماد هخامنشی، اشکانی و بخصوص ساسانی در این استان نمود بارزی دارند. یکی از بزرگ‌ترین آتشکده‌های ساسانی یعنی آتشکده آذر گشسب در این استان جای دارد.

از نظر موقعیت جغرافیایی و توپوگرافی و صنعت این استان بطوری است که عین داشتن قله‌های پر برف است در همان حال در شمال استان یعنی سواحل ارس بهار را داریم. در این استان بزرگ‌ترین دریاچه داخل کشور و شورترین دریاچه جهان جای دارد.

این استان با روند شمالی به جنوبی ضمن داشتن تنوع اقلیمی، بیشترین تنوع ژئوسایت‌ها و در عین حال زیباترین دشت‌های سرسبز و باغات میوه را دارد.

استان آذربایجان باختری ضمن داشتن تنوع قومی که هر یک برای خود فرهنگ غنی با ریشه ایران دارند و ضمن اعتقاد به زبان‌های ملی و رسمی به زبان‌های ترکی و آسوری، کُردی مهم هم صحبت می‌کنند در شهر ارومیه مرکز استان ضمن تنوع فرهنگ، قومی بالاترین فرهنگ شهروندی هم قابل مشاهده و درک است.

در شهرهای بزرگ استان چون ارومیه، مهاباد، خوی و دیگر شهر آن مکان‌های دیدنی بسیاری وجود دارد که برای همگان تحسین‌برانگیز است همچنین قدیمی‌ترین کلیساهای جهان را می‌توان در این استان دید.

پدیده‌های زمین گردشگری استان آذربایجان باختری در کشور اگر نگوییم بی‌نظیر است می‌توان گفت کم نظیر می‌باشد از جمله مجموعه تخت سلیمان، غارها و کتیبه‌های تراورتن‌ساز چون سردشت و تکاب سایت‌های منشوری بازالتی ماکو و چالدوران. کوه‌های آرات بزرگ و کوچک هرچند در خاک ایران نیست اما زیبایی‌های آنها در مرز ایران و دیدگاهی که استان دارد در جایی که هستند به آن زیبایی نسبی در شمال استان میافزاید.

استان آذربایجان غربی

فصل اول

جغرافیا، طبیعت و منابع طبیعی

۱-۱ مقدمه

آذربایجان باختری (غربی) در پایانه باختری ایران و یکی از چهار استان شمال باختر کشور است. مساحت آن ۳۷/۴۱۱ کیلومترمربع بوده، ۳/۳۲۰/۰۰۰ نفر جمعیت دارد و سهم آن از جمعیت کل کشور به ۴/۰۹ درصد می‌رسد. این استان در بین موقعیت‌های جغرافیایی ۴۴° ۱۴´ تا ۴۷° ۱۹´ طول خاوری و ۳۵° ۵۹´ تا ۳۹° ۴۵´ عرض شمالی قرار دارد. آذربایجان باختری جزو استان‌های مرزی محسوب می‌شود.

این استان از شمال با کشور آذربایجان (جمهوری خودمختار نخجوان)، از باختر با کشور ترکیه و عراق، از خاور با استان آذربایجان خاوری و زنجان و از جنوب با استان کردستان هم‌مرز است (شکل ۱-۱). هفده شهرستان، ۴۲ شهر، ۴۰ بخش و ۱۱۳ دهستان دارد (جدول ۱-۱).

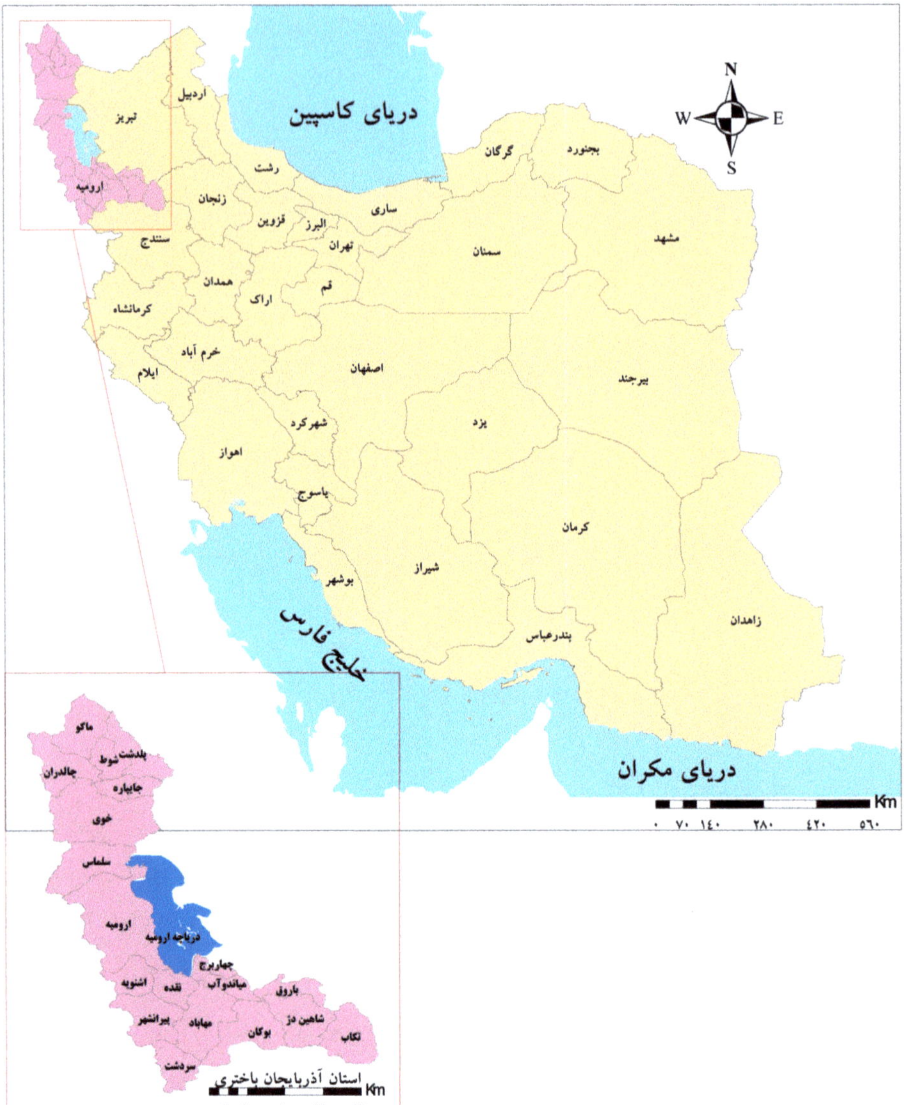

شکل ۱-۱. نقشه موقعیت استان آذربایجان باختری در ایران.

جدول ۱-۱. شهرستان‌ها و شهرهای استان آذربایجان باختری (گیتاشناسی، ۱۳۹۳).

	نام شهرستان	نام مرکز	نام شهرها
۱	ارومیه	ارومیه	ارومیه، قوشچی، نوشین، سیلوانه، سرو
۲	اشنویه	اشنویه	اشنویه، نالوس
۳	بوکان	بوکان	بوکان، سیمینه
۴	پلدشت	پلدشت	پلدشت، نازک علیا
۵	پیرانشهر	پیرانشهر	پیرانشهر، گردکشانه
۶	تکاب	تکاب	تکاب
۷	چالدران	سیه‌چشمه	سیه‌چشمه، آواجیق
۸	چایپاره	قره‌ضیاالدین	قره‌ضیاالدین
۹	خوی	خوی	خوی، فیرورق، دیزج‌دیز، ایواوغلی، زرآباد، قطور
۱۰	سردشت	سردشت	سردشت، ربط، میرآباد
۱۱	سلماس	سلماس	سلماس، تازه‌شهر
۱۲	شاهین‌دژ	شاهین‌دژ	شاهین‌دژ، محمودآباد، کشاورز
۱۳	شوط	شوط	شوط، مرگنلر
۱۴	ماکو	ماکو	ماکو، بازرگان
۱۵	مهاباد	مهاباد	مهاباد، خلیفان
۱۶	میاندوآب	میاندوآب	میاندوآب، باروق، چهار برج
۱۷	نقده	نقده	نقده، محمدیار

آذربایجان باختری تاریخی کهن دارد و قبل از اولین حکومت‌های فراگیر در ایران، دولت‌های ماد و هخامنشی اقوامی چون اورارتوها، ماناها، کوتی‌ها و غیره، با تمدنی پیشرفته، در قلمرو این استان زندگی می‌کردند. آثار به‌جای‌مانده از این اقوام را می‌توان در استان مشاهده کرد.

مردم این استان به زبان ترکی آذری، کردی و آسوری صحبت می‌کنند و هر یک فرهنگ خاص خود را دارند که مایهٔ غنای فرهنگی استان به‌شمار می‌آیند.

این استان روند شمالی-جنوبی دارد و با توجه به موقعیت جغرافیایی و توپوگرافی، از بارش کافی برخوردار است. میزان بارش سالانه آن حدود ۳۵۰ میلی‌متر است.

استان آذربایجان باختری استانی بسیار زیبا بوده و از نظر گردشگری در بین استان‌های مختلف کشور توان کشاورزی، صنعتی و معدنی قابل‌توجهی دارد. این استان امروزه بزرگ‌ترین کانسارهای طلا، متنوع‌ترین معادن سنگ و بیشترین تولیدات سیب کشور را دارد.

۱-۲ راه‌های ارتباطی استان آذربایجان باختری

آذربایجان باختری یکی از استان‌های مرزی شمال‌باختری ایران است و سه فرودگاه فعال در شهرهای ارومیه، خوی و ماکو دارد. مسیرهای پروازی فرودگاه ارومیه شامل پروازهای تهران-ارومیه و ارومیه-مشهد است و همچنین پروازهای خارجی به مقصد ارمنستان و ترکیه نیز از این فرودگاه انجام می‌شود.

راه‌آهن استان از مبدأ تهران آغاز شده و پس از عبور از شهرهای زنجان و تبریز به ارومیه می‌رسد. این خط سپس با عبور از پل قطور در منطقه مرزی خوی، وارد خاک ترکیه شده و تا اروپا امتداد می‌یابد. همچنین از طریق تبریز می‌توان به کشورهای حوزه قفقاز دسترسی پیدا کرد.

در اینجا به راه‌های ارتباطی اصلی اشاره‌ای می‌شود:

- یک راه اصلی استان، یعنی نی‌ریز-ارومیه از دو طریق دریاچه یا از شهرهای سلماس و خوی به تبریز و ازآنجا به سایر مناطق کشور ارتباط دارد.
- جاده ارومیه به شهرهای شمالی استان و ازآنجا به کشور نخجوان، ارمنستان و ترکیه.
- جاده جنوبی استان که از ارومیه به شهرهای جنوبی استان و درنهایت به استان‌های زنجان و کردستان ختم می‌شوند. البته درحال حاضر نیمی از جاده‌های بین مرکز ارومیه و بخش‌های شمالی و جنوبی استان دوطرفه‌اند. از دیگر راه‌های دسترسی به ارومیه جاده تهران-ارومیه به مسافت ۷۷۰ کیلومتر است (شکل ۱-۲).

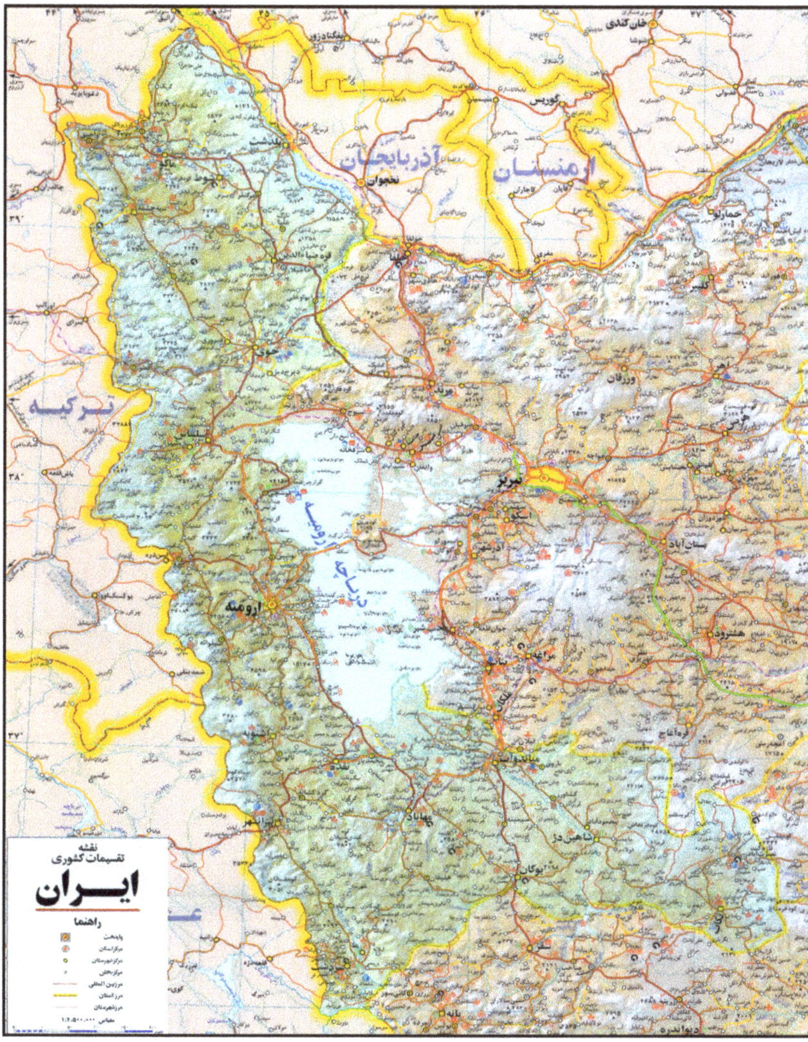

شکل ۱-۲. نقشه راه‌های ارتباطی استان آذربایجان باختری (گیتاشناسی، ۱۳۹۳).

۱-۳ آب‌وهوای استان آذربایجان باختری

آذربایجان باختری از استان‌های خوش آب‌وهوای کشور است که همواره بر زیبایی و جاذبه‌های آن افزوده شده است و جاذبه‌های طبیعی متعدد دارد. طبیعت استان آذربایجان باختری دارای تنوع زیادی از جمله نواحی کوهستانی، دشت‌های بزرگ و کوچک، دریاچه‌ها و رودخانه‌های متعدد است و جغرافیا و آب‌وهوایی گوناگون دارد که به مهم‌ترین آنها اشاره می‌شود.

نواحی کوهستانی در زمستان دارای آب‌وهوای سرد و یخبندان، در تابستان خنک و معتدل است و در بهار و اوایل تابستان عموماً دارای پوشش سبز هستند.

دشت‌ها و تپه‌ماهورها معمولاً به‌عنوان زمین‌های کشاورزی استفاده می‌شوند و بسیاری از شهرها نیز در همین نواحی قرار گرفته‌اند. این مناطق در زمستان آب‌وهوایی سرد، در بهار و پاییز هوایی معتدل و در تابستان آب‌وهوایی گرم تا معتدل دارند. از شاخص‌ترین این مناطق می‌توان به دشت ارومیه، دشت مهاباد، دشت میاندوآب، دشت خوی و دشت چالدران اشاره کرد.

دریاچه ارومیه یکی از مهم‌ترین دریاچه‌های شمال‌باختری کشور و بزرگ‌ترین دریاچه داخلی ایران است. رودخانه‌های بسیاری در گذشته به آن می‌ریختند، اما در سال‌های اخیر از حجم آنها کاسته شده و برخی رودهای دائمی به رودهای فصلی تبدیل شده‌اند. آب‌وهوای اطراف دریاچه گرم و مرطوب است. استان آذربایجان باختری عمدتاً تحت‌تأثیر جریان‌های هوای مرطوب اقیانوس اطلس و دریای مدیترانه قرار دارد، اما در برخی ماه‌های زمستان، نفوذ توده‌های هوای سرد مدیترانه‌ای-سیبری باعث کاهش قابل‌توجه دما می‌شود. علاوه بر این جریان‌های هوایی، عواملی چون توپوگرافی، وجود کوه‌های مرتفع و روندهای شمالی-جنوبی استان نیز در شکل‌گیری اقلیم منطقه نقش مهمی دارند.

به‌طور کلی عواملی چون مختصات جغرافیایی و توپوگرافی که ترکیبی از کوهستان و دشت و تپه‌ماهور، دریاچه‌های داخلی و پیرامون استان از جمله دریاچه وان ترکیه، دریاچه سوان در ارمنستان و جریان رودهای ارس، سیمینه‌رود، زرینه‌رود و سرشاخه رودهایی که به اقلیم کردستان عراق می‌روند، پوشش گیاهی و باغات از همه عوامل مؤثر بر آب‌وهوای استان هستند.

به‌طورکلی آب‌وهوای استان به چهار پهنه و حوزه قابل‌تقسیم است که عبارت‌اند از:

۱. دریاچه ارومیه و زمین‌های پیرامون آن که حدود ۱۲۶۰ متر از سطح دریا ارتفاع دارد. وسعت آن به خاطر تغییرات حجم آب بین پنج‌تا شش هزار کیلومترمربع است؛

۲. فروافتادگی دشت خوی و شمال شرق استان چون پلدشت و دشت سلماس

۳. رودخانه‌های کوچک منشعب از ارتفاعات جنوبی استان چون آب‌های سردشت (زاب کوچک)، سرشاخه‌های داخل استان و رودهای سیمینه و زاینده‌رود در ناحیه تکاب-شاهین‌دژ؛

۴. مناطق کوهستانی

وضع هوا در تابستان در شهرهای مختلف گرم و در زمستان سرد است. ارومیه تابستان نسبتاً گرم و زمستان هوای سرد دارد. در مهاباد فصل تابستان خشک و طولانی و زمستان بسیار سرد است. در نقده هوا نیمه‌مرطوب، تابستان ملایم و زمستان سرد است. آذربایجان ازنظر شرایط جوی دارای زمستان‌هایی سرد و تابستان‌های معتدل، تحت‌تأثیر اقلیم نیمه مدیترانه‌ای است. دما نیز معمولاً بین ۳۸ تا ۳۰- درجه سانتی‌گراد در طول سال متغیر است.

- در ارومیه فصل تابستان نسبتاً گرم و زمستان هوا سرد است.
- مهاباد فصل تابستان خشک و طولانی و زمستان‌های بسیار سرد دارد.
- در ماکو فصل تابستان نسبتاً گرم و زمستان بسیار سرد است.
- پلدشت تابستان گرم دارد و هوای زمستان و اواسط پاییز معتدل است.
- نقده در تابستان هوای ملایم و در زمستان سرد است.
- شاهین‌دژ-بوکان و تکاب تابستان ملایم و زمستان سرد دارند.
- پیرانشهر و سردشت زمستان‌های سرد و برفی و تابستان ملایم دارد.

دور بارش در ارومیه از اواخر مهرماه و اوایل آبان‌ماه شروع شده و در خردادماه خاتمه می‌یابد؛ حداکثر بارندگی در اسفند و فروردین است. این دوره در مهاباد بین آبان تا اردیبهشت و در میاندوآب، از آبان تا خردادماه است. مجموع روزهای یخبندان در ارومیه حدود ۱۰۰ روز است که حدوداً به‌ترتیب در آبان ۱۰ روز، در آذرماه ۲۵ روز، دی‌ماه ۳۰ روز، بهمن‌ماه ۲۵ روز و در اسفند ۱۰ روز است. روزهای یخبندان در خوی، ماکو و مهاباد کمتر از این میزان سالانه است. چون استان آذربایجان باختری در عرض جغرافیایی نسبتاً بالایی واقع شده است، میزان تبخیر نسبت به سایر نقاط کشور کمتر است. رژیم بارندگی استان غالباً در پاییز و زمستان رخ می‌دهد. وجود دریاچه ارومیه سبب ایجاد شرایط ویژه‌ای در این استان شده است.

دمای مناطق مجاور و نیز در جزایر آن نوسان کمتری داشته، از تعداد روزهای یخبندان به‌تناسب نزدیکی به دریاچه به‌تدریج کاسته می‌شود. از جنبه‌های دیگر تأثیر این دریاچه بر اقلیم منطقه را می‌توان افزایش رطوبت نسبی در نواحی پیرامونی آن و همچنین وزش نسیم دریا در حواشی دریاچه تا عمق معینی از استان دانست. بیشترین سرعت باد مربوط به ماه‌های اردیبهشت و اسفندماه، با ۱۶ متر در هر ثانیه است، کمترین سرعت باد مربوط به ماه‌های دی و بهمن با ۷ متر در هر ثانیه و متوسط سرعت باد در شهر ارومیه ۱۰/۵ متر در هر ثانیه است.

در سال اخیر به علت کاهش وسعت دریاچه و خشک‌شدن بخش بزرگی از آن عوامل

مثبت مؤثر بر اقلیم شهرهای پیرامونی کاسته شده و در صورت تداوم شرایط حاضر، ترکیب بادها با غبارهای نمکی بر مشکلات پیرامون خواهد افزود.

۱-۳-۱ توده‌های جَوی تأثیرگذار بر استان آذربایجان باختری

این استان تحت‌تأثیر چهار توده جَوی به شرح زیر است:

الف) توده هوای قطبی سیبری از نواحی شمال سیبری سرچشمه می‌گیرد و در فصل زمستان به‌صورت امواج سرد از سمت شمال شرقی به جنوب غربی جریان می‌یابد. ورود این توده به استان هوایی سرد با جوی صاف را به همراه داشته، به دلیل گذر از دریای خزر در بعضی مواقع رطوبت مناسب را جهت بارش به همراه دارد.

ب) توده سرد شمالی از نواحی قطعی شمال «نزدیکی‌های گرینلند» منشأ می‌گیرد و عمدتاً در فصل زمستان منطقه را تحت‌تأثیر قرار می‌دهد که در زمان نفوذ آن، هوای استان تا اندازه‌ای سرد می‌شود.

ج) توده دریایی-مدیترانه‌ای از سمت شمال غربی وارد استان می‌شود و به‌دلیل جذب رطوبت مناسب در هنگام عبور از دریای سیاه و مدیترانه در خلال فصول تابستان و زمستان باعث ایجاد بارش‌هایی در سطح استان می‌شود. اکثر بارش‌های فصل تابستان پیامد عملکرد این سیستم است.

د) توده گرمسیری-دریایی، منشأ تشکیل این توده هوایی قاره اروپاست و با داشتن پایداری قوی در لایه‌های پائین خود نمونه بارزی از یك توده‌هوای گرم دارای سیستم ابری است.

۱-۳-۲ شرایط دمایی استان آذربایجان باختری

تغییرات دمای هوا در استان عمدتاً به‌خاطر ارتفاع و عرض جغرافیایی آن و در مرحله بعد، از وجود دریاچه ارومیه منشأ می‌گیرد و رژیم دمایی آن علاوه‌بر عوامل ذکرشده، به توده‌های هوایی مؤثر استان نیز بستگی دارد. مطابق داده‌های آماری، سردترین نواحی استان در محدوده شمال غربی آن واقع است. میزان متوسط دمای روزانه در این منطقه به کمتر از ۵ درجه سانتی‌گراد می‌رسد و گرم‌ترین ناحیه استان را جنوب دریاچه ارومیه و نیز منطقه پلدشت جنوب رود ارس در شمال شرق استان تشکیل می‌دهد. متوسط دمای روزانه در این بخش استان به بیش از ۱۲/۵ درجه سانتی‌گراد می‌رسد.

به دلیل واقع‌شدن استان در عرض‌های جغرافیایی بالا و ارتفاع زیاد، میانگین دمای سالانه آن نسبت به میانگین اکثر مناطق کشور کمتر بوده و جزء مناطق سردسیر کشور به‌حساب می‌آید. به دلیل برّی بودن هوای استان، اختلاف دمای حداقل و حداکثر مطلق آن زیاد است، به‌طوری‌که دمای ۴۴ درجه بالای صفر در ایستگاه داشبند و ۳۴ درجه زیر صفر

در ایستگاه خوی مشاهده شده است. بااین‌حال هرچه از نواحی شرقی استان به سمت کوه‌های غربی دور شویم، از میزان دمای هوا کاسته می‌شود (برنامه‌وبودجه،۱۳۸۵،ص۳). دمای هوا در نقاط مختلف استان متفاوت است و بیشتر تحت‌تأثیر ارتفاع از سطح دریا و شرایط کوهستانی، توپوگرافی و فاصله از دریاچه ارومیه و رودخانه‌ها است. متوسط دما در ارومیه ۹/۸، خوی ۱۰/۸، ماکو ۹/۴ و مهاباد ۱۱/۶ درجه سانتی‌گراد است.

حداکثر دما در مردادماه حدود ۳۴ و حداقل آن در دی‌ماه حدود ۱۶ درجه سانتی‌گراد است. حداقل دما در برخی از شهرهای استان، از جمله اشنویه و چالدوران، گاهی به ۲۰- درجه می‌رسد.

۱-۳-۳ میزان بارندگی در استان آذربایجان باختری

به‌طورکلی میزان بارندگی سالانه استان از غرب به شرق کاهش می‌یابد و در سواحل دریاچه ارومیه به حداقل آن می‌رسد. روند فوق در مناطق جنوبی استان نیز مشاهده می‌شود، جز آنکه از ناحیه بوکان هرقدر به‌طرف شرق پیش برویم بر میزان بارندگی سالانه افزوده می‌شود. بررسی‌ها نشان می‌دهد رژیم بارندگی در استان الگوی رژیم بارندگی مدیترانه‌ای دارد. به‌طورکلی نیمی از بارندگی‌های استان در فاصله ماه‌های اسفند تا اردیبهشت و ۱/۳ آن در دو ماه فروردین و اردیبهشت رخ می‌دهد. بدین ترتیب در غالب نقاط استان بارندگی‌ها در درجه اول بهاره و سپس به‌ترتیب زمستانه و پائیزه است.

متوسط بارندگی سالیانه استان ۳۵۲ میلی‌متر است که باتوجه‌به متوسط بارندگی ۲۵۰ تا ۲۷۰ میلی‌متر در ایران در وضعیت خوبی قرار دارد و ازاین‌رو دارای رودهای دائمی زیادی است. طی چند سال اخیر به‌خاطر خشکسالی، از میزان بارندگی در سطح استان کاسته شده و به‌طورحتم متوسط سالیانه آن پایین آمده است. البته میزان بارش تغیر چندانی نکرده؛ ولی نوع بارش و شدت تبخیر زیاد بوده است.

میزان بارش:

ازنظر میزان بارش در استان سه واحد جغرافیایی می‌توان تشخیص داد:

الف) حوضه مغرب دریاچه ارومیه خصوصاً در اطراف سردشت میزان بارش به ۸۰۰ میلی‌متر می‌رسد ولی در نزدیکی‌های دریاچه ارومیه به حدود ۳۰۰ میلی‌متر کاهش مي‌يابد. در این حوضه هرچقدر از مغرب به مشرق حرکت کنیم، از میزان نزولات کاسته مي‌شود و در کوه‌های مرزی بالاترین نزولات جوی در نیمه جنوبی این حوضه دیده می‌شود؛ ازاین‌رو تنها منطقهٔ جنگلی استان آذربایجان غربی در این بخش واقع‌شده است.

ب) **حوضه شمالی دریاچه ارومیه تا رود ارس،** هرچقدر از شمال دریاچه ارومیه به‌طرف رود ارس پیش رویم، از ارتفاع زمین به‌تدریج کاسته می‌شود و میزان بارش نیز از ۴۰۰ میلی‌متر تا ۲۵۰ میلی‌متر کاهش پیدا می‌کند.

ج) **حوضه جنوب دریاچه ارومیه،** نواحی کوهستانی مرتفع این حوضه سرچشمه شاخه‌های اصلی رودهای مهمی چون سیمینه‌رود، مهاباد رود، زرینه‌رود و قزل‌اوزن‌اند. میزان بارندگی در این سرچشمه‌ها بین ۶۰۰ الی ۸۰۰ میلی‌متر اندازه‌گیری شده است.

درحالی‌که هرچقدر به نواحی پست دریاچه ارومیه نزدیک‌تر مي‌شويم ميزان بارش به ۳۰۰ میلی‌متر کاهش مي‌يابد. این کاهش میزان بارندگی در منطقه جنوب شرقی و در سمت تکاب نیز روی مي‌دهد.

وضعیت بارش در استان آذربایجان باختری:

با قراردادن دریاچه ارومیه به‌عنوان مرکز و مقایسه نقاط دیگر استان با آن وضعیت بارش حوضه‌های آبریز را می‌توان به شرح زیر دسته‌بندی کنیم:

حوضه غربی دریاچه ارومیه که از غرب به شرق از میزان بارش در آن کاسته می‌شود.

حوضه شمالی دریاچه ارومیه تا رود ارس که از شمال دریاچه به‌طرف رود ارس به‌تدریج از ارتفاع زمین کاسته شده، در پلدشت به حداقل می‌رسد.

حوضه جنوبی دریاچه ارومیه که عموماً از بخش‌های کوهستانی استان بوده، دارای میزان بارش متوسط بالای ۶۰۰ میلی‌متر است.

به‌طورکلی متوسط بارندگی سالیانه در استان ۳۵۲ میلی‌متر است که با توجه به متوسط بارندگی در سایر نقاط ایران که حدود ۲۸۰ میلی‌متر برآورد شده، در شرایط بهتری قرارگرفته است. پرآب‌ترین رودخانه‌ها در این استان جاری است.

میزان بارندگی به ویژه ریزش برف در مناطق کوهستانی به مراتب بیشتر از میزان بارندگی در شهرها و مناطق جلگه‌ای است. این توصیف به استناد گزارش سازمان هواشناسی کل کشور که براساس داده‌های آماری ایستگاه‌های سینوپتیک ارومیه، خوی، ماکو و مهاباد تنظیم‌شده است (شکل ۱-۳).

شکل ۱-۳. نقشه میزان بارندگی استان آذربایجان باختری.

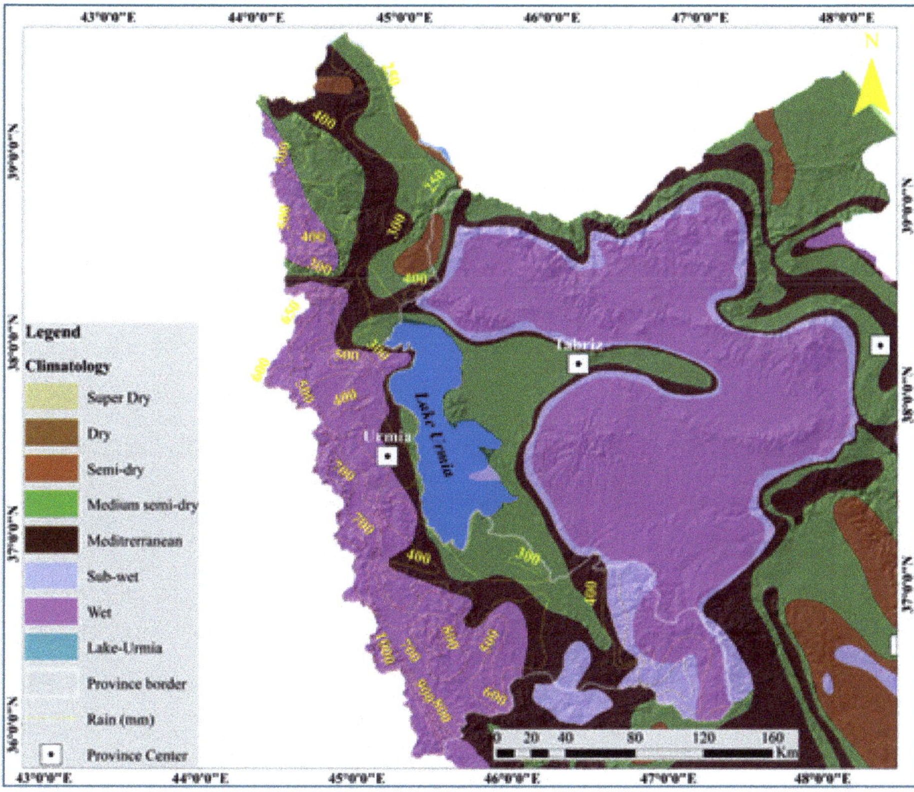

شکل ۱-۳. نقشه میزان بارندگی استان آذربایجان باختری.

۱-۳-۴ بادها

در فصل تابستان سراسر استان آذربایجان غربی از وزش بادهای باران‌آور بی‌بهره می‌ماند ولی آفتاب درخشان همراه با رسیدن میوه‌ها و برداشت غله، فضای تفرجگاهی مناسبی همراه با نسیم‌های ملایم فراهم مي‌آورد. این نسیم ملایم در زبان محلی «مه میلی» و در برخی از نقاط به نام باد مراغه مشهور است. از نیمه تابستان همراه با وزش باد شمالی از گرمای هوا به‌شدت کاسته می‌شود. باد خنك شمالی در هر منطقه به نام ناحیه شمالی همان منطقه مشهور است.

گاهی در تابستان باد گرمی از سمت جنوب، استان را تحت‌تأثیر خود قرار می‌دهد که در اصطلاح محلی به «آق ئیل» یعنی باد سفید مشهور است.

این باد در اواخر زمستان باعث ذوب برف و یخ می‌شود و در تابستان بر شدت گرمای هوا می‌افزاید. با تمایل خورشید به‌طرف جنوب و کوتاه‌شدن روزها، هوای پرفشار به

پائین حرکت می‌کند و هوای کم‌فشار تدریجاً جایگزین آن می‌شود. بادهای باران آور غربی جایگزین بادهای شمالی می‌شوند. این بادها در فصل پاییز و زمستان پس از عبور از روی اقیانوس اطلس و دریای مدیترانه و جذب رطوبت‌ها آنها، در برخورد با کوه‌های مرزی، سبب ریزش برف‌وباران فراوانی می‌شوند که منبع و سرچشمه دائمی رودهای نسبتاً منظم حوزه آبریز دریاچه ارومیه، ارس و دجله به‌حساب می‌آید.

در فصل تابستان سراسر آذربایجان غربی از وزش بادهای باران‌آور بی‌بهره می‌ماند، ولی آفتاب درخشان همراه با رسیدن میوه‌ها و برداشت غله فضای دل‌نشین مناسبی را با نسیمی ملایم فراهم می‌آورد. این نسیم ملایم در زبان محلی به نام «مه یئلی» و در برخی از نقاط به نام باد مراغه مشهور است.

از نیمه تابستان همراه با ورزش باد شمالی از گرمای هوا به‌شدت کاسته می‌شود. باد خنک شمالی در هر منطقه به نام ناحیه شمالی همان منطقه مشهور است. گاهی در تابستان باد گرمی از سمت جنوب، استان را تحت‌تأثیر قرار می‌دهد که در اصطلاح محلی به نام باد سفید (آق یئل) مشهور است. این باد در اواخر زمستان باعث ذوب برف‌ها می‌شود و در تابستان بر شدت گرمای هوا می‌افزاید. با تمایل خورشید به‌طرف جنوب و کوتاه‌شدن روزها، هوای پرفشار به پایین حرکت می‌کند و هوای کم‌فشار تدریجاً جایگزین آن می‌شود.

آب‌وهوای در طول سال (قابل‌توجه گردشگران):

در ماه فروردین بیشتر شهرستان‌های استان در وضعیت اقلیمی خنک قرار دارند. بخش‌هایی از شهرستان‌های پلدشت، چایپاره، خوی، ارومیه، میاندوآب و مهاباد شرایط کمی خنک دارند و تنها شهرستان چالداران هوائی سرد دارد.

در ماه اردیبهشت بخش‌های شمال شرقی و جنوب استان شرایط ملایم و سرسبز را دارند. همچنین، در شهرستان‌های غربی و مرکزی شرایط کمی خنک و شهرستان چالدران هوای خنک دارد.

در ماه خرداد بیشتر بخش‌های استان شرایط کمی گرم و شهرستان‌های سلماس، سردشت و تکاب شرایط دل‌چسبی دارند.

در بخش‌هایی از شهرستان پلدشت و خوی نیز شرایط گرم دیده می‌شود و تنها در بخشی از شهرستان چالدران هوا کمی خنک است.

در ماه تیر بیشتر قسمت‌های استان هوای گرمی داشته و شهرهای چالدران، بخش‌هایی از سلماس و تکاب در وضعیت کمی گرم قرار دارند.

در این ماه در بخش بسیار کوچکی از شهرستان چالدران وضعیت آرام مشاهده می‌شود و قسمتی از شهرستان‌های پلدشت و خوی نیز در حالت بسیار گرم قرار دارند.

در ماه مرداد بیشتر قسمت‌های جنوبی و شمالی استان در حالت بسیار گرم قرار داشته و شهرستان‌های دیگر مانند ماکو، بخش مرکزی چالدران، سلماس، بخش جنوبی سردشت و تکاب هوای بسیار گرم دارند. در بخش مرکزی شهرستان چالدران شرایط کمی گرم و در بخش کوچکی از شهرستان پلدشت شرایط گرم و مرطوب مشاهده می‌شود.

در ماه شهریور بیشتر شهرستان‌های جنوبی و شمالی شرقی استان در وضعیت گرم قرار دارند؛ شهرستان‌هایی چون ماکو، بخشی از چالدران، سلماس، ارومیه، سردشت و تکاب در روز هوای گرم دارند. فقط در شهرستان چالدران گرما کمتر است.

در ماه مهر شمال شرق و دشت‌های جنوب استان در وضعیت گرم قرار دارند. قسمتی از شهرستان‌های ماکو، چالدران، سلماس، بخش‌های شمالی ارومیه، اشنویه، سردشت و تکاب شرایط کمی گرم دارند و تنها بخش مرکزی شهرستان چالدران، اشنویه و سردشت وضعیت معتدل دارند. قسمت کوچکی از شمال پلدشت نیز شرایط بسیار گرم را دارد.

در ماه آبان در بیشتر نقاط استان شرایط کمی خنک حاکم است. در چالدران، سلماس و بخشی از سردشت و اشنویه شرایط خنک مشاهده می‌شود. قسمتی از شهرستان‌های پلدشت و خوی شرایط معتدل است.

در ماه آذر اغلب شهرستان‌های استان در وضعیت معتدل قرار دارند. همچنین، بخش‌هایی از شهرستان پلدشت، خوی، میاندوآب، مهاباد و پیرانشهر شرایط کمی گرم دارند. در شهرستان چالدران، اشنویه، سردشت، تکاب، شاهین‌دژ شرایط کمی خنک است.

در ماه دی بیشتر نقاط استان در وضعیت خنک و سرد قرار دارد.

در ماه بهمن بیشتر بخش‌های استان بر اساس شاخص PMV[1] در وضعیت سرد قرار دارد. در بخش‌هایی از شهرستان چالدران و سلماس شرایط بسیار سرد است و قسمت‌هایی از شهرستان‌های ماکو، پلدشت، خوی، نقده، مهاباد و تکاب شرایط خنک دارند.

در ماه اسفند بیشتر نقاط استان هوای خنک دارند. شهرستان‌های چالدران، چایپاره، سلماس، سردشت و بوکان شرایط سرد دارند. در بخش کوچکی از شهرستان چالدران معمولاً شرایط بسیار سرد است.

1- PMV مقیاسی برای اندازه‌گیری آسایش حرارتی که دامنه آن از (-3) تا (+3)، بر اساس معادله فنگر (Fanger) می‌باشد.

۱-۴ طبیعت استان آذربایجان باختری

این استان با توجه به شرایط توپوگرافی، زمین‌شناسی، جغرافیایی، اقلیمی، پوشش گیاهی و جانوری متنوعی دارد و تاریخچه زندگی شهری در استان بخصوص در یک‌صد سال اخیر شکل‌گرفته است.

ازنظر توپوگرافی بخش قابل‌توجهی از استان، کوهستانی و ارتفاع بیش از ۲۰۰۰ متر از سطح دریا دارد. روند رشته‌کوه‌ها مانند خود استان، شمالی- جنوبی است. در جنوب استان پهنای رشته‌کوه‌ها افزایش می‌یابد.

دشت‌ها و محیط‌های پیرامونی شهر، بخش قابل‌توجه آن را تشکیل می‌دهند. عموماً نیمه شرقی استان دشت است. از جمله از شمال به جنوب، دشت پلدشت، دشت شهرستان شوط، چایپاره، شهر خوی، دشت ارومیه در غرب، شرق و جنوب شهر و دریاچه ارومیه چون نقده، میاندوآب و شمال مهاباد. دریاچه‌های متعدد، از جمله مهم‌ترین آنها دریاچه ارومیه ویژگی‌های دیگر استان است. به‌دلیل بارش نسبتاً مناسب و وجود کوه‌های شمالی-جنوبی، بخش باختری استان که منبع خوبی برای نگهداری برف و تأمین آب دارند و رودخانه‌های زیادی در استان دیده می‌شوند. باتوجه‌به ترکیب سنگ‌ها، سازندها، کوه‌ها عموماً دارای دره‌های تنگ‌اند و سرشاخه‌های فراوان رودها را پدید می‌آورند. در شمال پلدشت و شهر مرزی بازرگان دو کوه آرارات بزرگ و آرارات کوچک از دور دیده می‌شوند و در ناحیه مرزی نمای زیبایی به منطقه می‌دهند که همراه با دیگر ویژگی‌های وسیع زمین جاذبه گردشگری ویژه‌ای در ناحیه پلدشت تا بازرگان به نمایش می‌گذارند. از ویژگی‌های دیگر استان، دره‌های سبز گسترده‌ای است که از مهم‌ترین آنها می‌توان به دره قاسمولو اشاره کرد. در جنوب استان منطقه اشنویه و سردشت، با جنگل‌هایی از نوع زاگرس قابل‌توجه هستند.

از دیگر ویژگی‌های طبیعی استان، به برکت بارش مناسب و ارتفاع قابل‌توجه کوه‌ها از سطح دریا، پوشش‌های گیاهی ارزشمند و زیبایی دیده می‌شوند از جمله لاله‌زارهای (دشت لاله) سلماس در بهار، دشت چالدران، باغات میاندوآب، باغات سیب و نقده و محمدیار و غیره (شکل ۱-۴ و ۱-۵).

شکل ۱-۴. شکل اول دامنه کوه سیر در فصل بهار، جنوب غرب ارومیه (منیژه اسدپور). شکل دوم نمای زمستانی، شهرستان تکاب، (علی ثقفی).

شکل ۱-۵. نمایی از باغ میوه، (منیژه اسدپور).

۱-۴-۱ کوه‌ها و قله‌های استان آذربایجان باختری

استان آذربایجان غربی همان‌طور که اشاره شد یک سر رشته کوه‌های شمالی و جنوبی دارد که در نیمه غربی استان کشیده شده و تنوعی از سنگ‌های مختلف با سختی زیاد، و دره‌های تنگ و قله‌های فراوان دارند. جدا از رشته شمالی وجود تک کوه‌ها، مانند کوه ایوب انصار تکاب، نمای زیبایی به شهرهای استان می‌دهند. کوه‌های آرارات در مرز میان ایران و ترکیه نیز چنین منظره زیبایی دارند.

آرارات با دو قله آتش‌فشانی، هرچند در خاک ایران واقع نیست، منظره آن در شمال استان در کشور ترکیه زیبایی خاصی به شهرهای بازرگان، پلدشت و تا حدودی شمال ماکو می‌دهد.

در غرب مهاباد کوهی با دو قله پرفراز آن خودنمایی می‌کند که مردم مهاباد یکی را داماد و دیگری را عروس می‌خوانند. کوه‌های شاهین‌دژ و تکاب به‌خصوص کوه‌های سلیم خان ییلاقی و قره‌داش یا بردِ رَش در ناحیه شاهین‌دژ، کوه شاخ شاخ و ایمان خان در ناحیه تکاب از جمله کوه‌های با نام و نشان استان هستند.

کوه‌های ماکو که در شهرستان ماکو و در مرز ایران و ترکیه قرار دارند، دارای ارتفاعات گوناگونی هستند. بلندترین آنها عبارت‌اند از: کوه ساری‌چیچک با ارتفاع ۲۵۰۰ متر، کوه ساری‌چمن با ارتفاع ۲۷۰۰ متر، کوه شکار با ارتفاع ۳۰۵۰ متر و کوه چِرگین با ارتفاع ۳۰۰۰ متر.

کوه آتش‌فشانی آرارات، به زبان ترکی موسوم به آغری‌داغ، در مرزهای بین کشورهای ایران، ترکیه و ارمنستان واقع‌شده است. این کوه از دو قله کوچک به ارتفاع ۳۹۲۵ متر و قله بزرگ به ارتفاع ۵۱۶۴ متر در شمال استان نمایان است (شکل ۱-۶).

شکل ۱-۶. نمایی از کوه آرارات از داخل ایران، شکل دوم (علی ثقفی).

کوه‌های تکاب در این منطقه کوه‌های بلقیس به ارتفاع ۳۳۳۲ متر، کوه تخت سلیمان به ارتفاع ۲۸۷۰ متر، کوه قره‌داش به ارتفاع ۲۸۶۵ متر، کوه ایمان‌خواه به ارتفاع ۲۹۱۸ متر، کوه جامی بابا به ارتفاع ۲۹۹۰ متر، کوه قره‌عمر به ۲۱۴۷ متر و کوه مائین‌بلاغ با ۲۲۶۶ متر وجود دارند.

کوه‌های اشنویه ادامه رشته‌کوه‌های میانی است و دارای قله‌های متعدد از جمله دالامپر با ارتفاع ۳۴۸۰ متر می‌باشد.

کوه‌های مرزی ایران و ترکیه اغلب برف‌گیر و برخی مرزی هستند (شکل ۱-۷).

شکل ۱-۷. نمایی از کوه‌های مرزی ایران و ترکیه در باختر روستای بند ارومیه.

۱-۴-۲ گیاهان و پوشش گیاهی استان آذربایجان باختری

این استان جنگل‌های فراوانی دارد که بخشی از جنگل‌های باختر کشور به‌حساب می‌آیند. بارش فراوان و رطوبت ناشی از رودها، دریاچه‌ها، رودخانه‌ها و تالاب‌ها پوشش گیاهی متنوعی بدان بخشیده است. درختان این منطقه از نوع درختان جنگل‌های باختری ایران شامل افرا، راش، بلوط، نارون، ممرز و غیره هستند که پیش‌تر به آنها اشاره شد.

۱-۴-۳ جانوران استان آذربایجان باختری

این استان به‌دلیل قرارگیری در نواحی کوهستانی و دارابودن تالاب‌های فراوان و همچنین رودهای مختلف دارای پوشش جانوری متنوع به‌خصوص انواع پرندگان است. در زیر به جزئیات این مناطق پرداخته می‌شود (شکل۱-۸ و ۱-۹).

شکل ۱-۸. شکل اول سنجاب جنگل‌های سردشت، (مهرداد سرهنگی). شکل دوم کشیم بزرگ، آذربایجان غربی، شهرستان مهاباد. شکل سوم کشیم کوچک، آذربایجان غربی، شهرستان مهاباد (علی ثقفی).

شکل ۱-۹. شکل اول گوزن زرد ایرانی. شکل دوم لاک‌پشت، شهرستان مهاباد، (علی ثقفی).

پناهگاه حیات‌وحش و تالاب کانی‌برازان در جنوب دریاچه ارومیه و در فاصله ۳۰ کیلومتری شهر مهاباد و بین روستاهای خورخوره در باختر، قره‌داغ در جنوب و به فروان در خاور و در موقعیت جغرافیایی "۳۴ ´۴۶ °۴۵ طول خاوری و "۳۵ ´۵۹ °۳۶ عرض شمالی قرار گرفته است. این تالاب با وسعت ۹۰۷ هکتار در سال ۱۳۸۹ خورشیدی به‌عنوان اولین ایستگاه پرنده نگاری کشور معرفی شده است. در این منطقه ۴۵ گونه گیاهی، ۷۵ گونه پرنده آبزی و کنار آبزی متعلق به ۱۱ خانواده وجود دارند. گونه‌های اردک سرسفید و پلیکان خاکستری که درخطر انقراض‌اند و گونه‌های حمایت شده اردک مرمری، فلامینگو، درنای طناز، قوی فریادکش، حواصیل‌ها، باکلان، اردک تاجدار و گونه‌های غیر حمایت شده کریم‌ها، غازها، مرغابی‌ها، آنقوت، چنگر، گلاریول در تالاب کانی‌برازان زندگی می‌کنند. علاوه بر این پرندگان بیش از ده‌هزار پرنده مهاجر دیگر سالانه به این تالاب مهاجرت می‌کنند.

پناهگاه حیات‌وحش دشت سوتا و حمامیان بوکان با مساحتی حدود ۳۵۰۰ هکتار مهم‌ترین زیستگاه پرنده میش‌مرغ است. از انواع دیگرگونه‌های جانوری آن می‌توان گرگ، سنقر گندم‌زار، شغال، کبک را نام برد.

منطقه حفاظت‌شده مراکان وسعت این منطقه ۱۰۳۹۸۳ هکتار است که مابین رودخانه ارس و جاده بازرگان - تبریز و در فاصله ۳۰ کیلومتری خوی قرار دارد. پوشش گیاهی آن به‌دلیل قرارگیری در کنار رودخانه ارس بیشتر شامل درختان ارس و بادام‌کوهی است. در منطقه مراکان جانورانی چون گل و بز، پلنگ و پرندگانی نظیر کبک دری و هما پراکنده‌اند.

منطقه حفاظت‌شده تالاب نوروزلو با وسعتی حدود ۱۱۵۰ هکتار، پوشش گیاهی شامل درختان گز و جنگل‌زار و نیزار است. از موجودات بومی این منطقه می‌توان اردک، حواصیل، پرندگان شکاری را نام برد.

نیزارهای گرده قیط و ممیند در فاصله ۷ کیلومتری شمال سه‌راهی نقده در جاده ارومیه - مهاباد واقع‌شده، نام آن برگرفته از روستاهای گرده قیط و ممیند است. با وسعتی حدود ۶۰۰ هکتار، انبوهی از گیاهان تالابی، مراتع و گلزارها را در خود جای‌داده است.

این منطقه به‌دلیل دارابودن قوچ و میش یکی از مناطق شکارممنوع در استان آذربایجان باختری است. از دیگر مناطق شکارممنوع می‌توان به مناطق شکارممنوع زرآباد خوی، آغ‌گل ماکو و منطقه بیان اشاره کرد.

منطقه شکارممنوع زرآباد خوی، واقع در شهرستان خوی، سیصد رأس قوچ و میش منتقل شده از جزیره کبودان را تحت حفاظت محیط‌زیست قرار داده است.

۱-۵ مورفولوژی استان آذربایجان باختری

مورفولوژی این استان متأثر از کوه‌ها، دریاچه ارومیه، دشت‌های استان و رودخانه ارس است (شکل ۱-۱۰).

کوه‌های آذربایجان باختری که بخشی از کوه‌های میانی ایران (میان البرز و زاگرس) به‌شمار می‌روند، پهنه‌ای وسیع از استان را به‌ویژه در نواحی باختری آن پوشانده‌اند. مناطق مرزی استان در بخش باختری عمدتاً شامل رشته‌کوه‌های بلند و ممتدی هستند که سراسر مرز را دربر می‌گیرند. بسیاری از این قله‌ها بیش از ۲۰۰۰ متر ارتفاع دارند و در دامنه‌ها و دشت‌های خاوری آنها، گاه شهرهای کوچکی مانند سیاه‌بیشه دیده می‌شود. همچنین شهرها و دشت‌های مهم استان مانند ارومیه، خوی، پلدشت و سلماس در نواحی شمالی، جنوبی و خاوری آذربایجان باختری قرار گرفته‌اند. در مقابل، ناحیه شمال‌شرقی استان که به‌سوی رودخانه ارس امتداد می‌یابد، نسبت به سایر بخش‌های استان ارتفاع کمتری دارد.

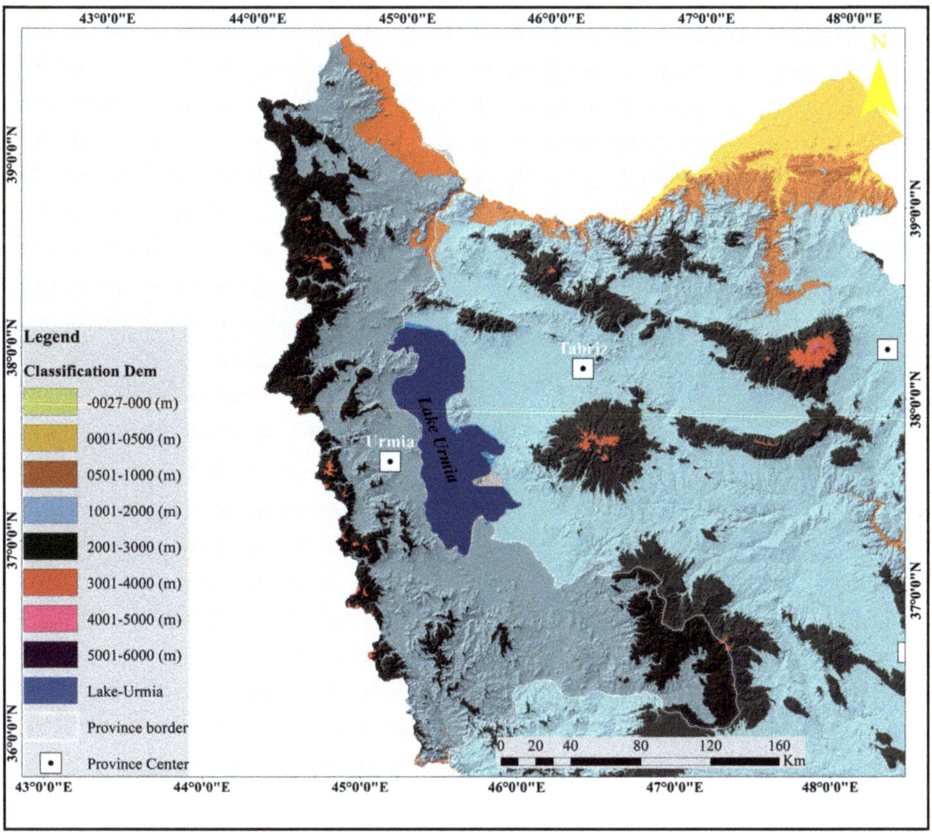

شکل ۱-۱۰. نقشه توپوگرافی استان آذربایجان باختری.

۶-۱ چکیده زمین‌شناسی آذربایجان باختری

آذربایجان باختری زمین‌شناسی بسیار متنوعی دارد. کمتر استانی را در ایران می‌توان با چنین تنوع سنگی و ساختار زمین‌شناسی پیدا کرد. از این رو می‌توان گفت انواع سنگ‌های موجود در ایران، از قدیمی‌ترین تا جوان‌ترین آنها در استان آذربایجان باختری یافت می‌شوند. در اینجا به توصیف کوتاه انواع آنها می‌پردازیم.

سنگ‌های پرکامبرین با ترکیب آذرین-دگرگونی و رسوبی که بیشتر در منطقه تکاب، شاهین‌دژ، بوکان و مهاباد و غیره دیده می‌شوند.

سنگ‌های دوران اول زمین‌شناسی با ترکیبی از ماسه‌سنگ‌ها و سنگ‌های کربناتی در بخش‌های مختلف آذربایجان باختری قابل مشاهده‌اند؛ همان‌گونه که در مناطق دارای سنگ‌های پرکامبرین نیز چنین رخنمون‌هایی معمول است. این نوع سنگ‌ها در نواحی پیرانشهر، اشنویه، خان‌تختی، ماکو و پلدشت نیز گسترش دارند و بخشی از ساختار زمین‌شناسی قدیمی و کهن استان را تشکیل می‌دهند.

سنگ‌های دوران دوم زمین‌شناسی در بسیاری از مناطق استان دیده می‌شوند.

سنگ‌های دوران سوم زمین‌شناسی در آذربایجان باختری گستره وسیعی دارند و شامل سنگ‌های رسوبی و سنگ‌های آتش‌فشانی هستند. سنگ‌های آتش‌فشانی جوان به‌طور بارز در ماکو، سلماس و مهاباد دیده می‌شوند و نشان‌دهنده فعالیت‌های ولکانیکی این دوره‌اند. همچنین سنگ‌های تراورتن در ناحیه تکاب (تخت سلیمان) به‌وفور یافت می‌شوند و بخش مهمی از رخنمون‌های رسوبی دوران سوم را تشکیل می‌دهند.

پدیده‌های جالب زمین‌شناختی مانند چشمه آبگرم، ساختارهای بازالتی و معادن باستانی در این استان فراوان هستند.

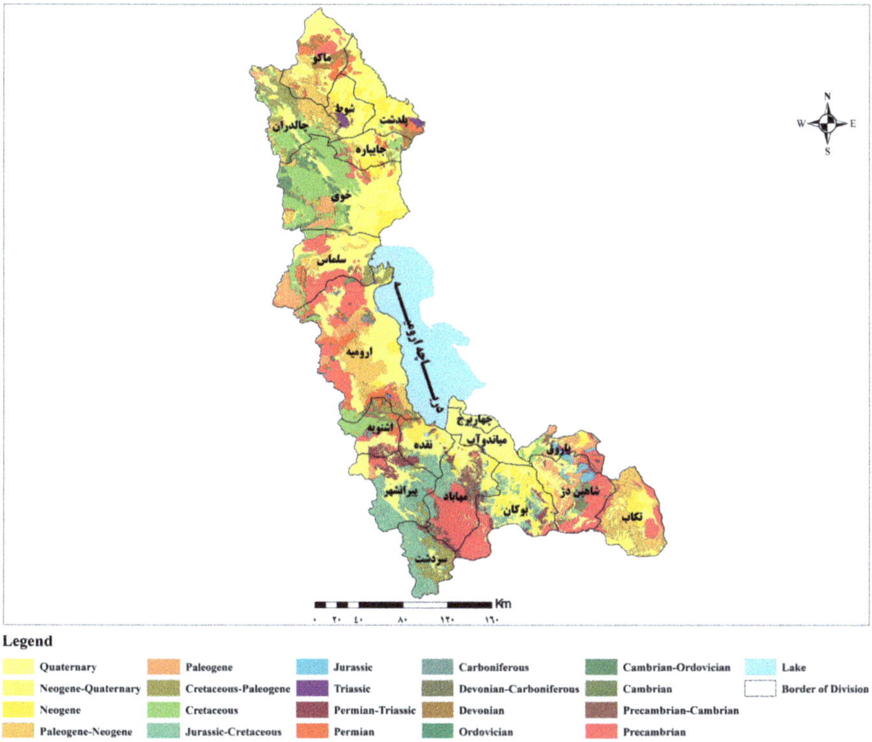

شکل ۱-۱۱. نقشه زمین‌شناسی استان آذربایجان باختری.

فصل دوم

اشاره‌ای به تاریخ استان آذربایجان باختری

۲-۱ مقدمه

تاریخ این استان جدا از تاریخ سیاسی و اجتماعی شمال باختر ایران نیست، اما این استان باتوجه‌به ویژگی‌ها، موقعیت و هم‌جواری با کشورهای دیگر، وجود سه قوم با سه زبان متفاوت (کردی، ترکی و آسوری) و شاخصه‌های تاریخی با استان‌های هم‌جوار تفاوت‌هایی متمایز دارد. قدمت برخی شهرهای این استان مانند ارومیه به بیش از ۲۰۰۰ هزار سال قبل از میلاد می‌رسد. این استان شهرهای باستانی، مانند تخت سلیمان، تورجان، گورک در ناحیه مهاباد کنونی داشته است که امروزه تنها آثاری از آنها باقی مانده است. وجود تپه‌های باستانی در منطقه مهاباد نشانه‌ای از قدمت این ناحیه است.

اشیای کشف شده در این استان، مانند جام طلای حسنلو و همچنین کتیبه‌ای به خط میخی و به زبان اورارتویی در نزدیکی مهاباد کنونی و همچنین وجود قدیمی‌ترین کلیساها، نشانه دیگری از قدمت تاریخی این استان است. نام باستانی شهرهایی مانند ارومیه (جایگاه آب) که با نام‌های اقوام گذشته و یا جغرافیای طبیعی هم‌خوانی دارد، از شواهد دیگر قدمت تاریخی این استان است.

شواهد زیاد بازمانده از دولت ماد و حکومت‌های پیش از ماد و شواهد باستانی دیگر همگی حکایت از تاریخی بودن این استان دارند. از جمله این شواهد عبارت‌اند از:

- شواهد بازمانده از اورارتوها به‌خصوص شواهد حکومت آنها در ۸۶۰-۶۰۰ پیش از میلاد که هرچند دولت‌های اورارتوها از قرن سیزدهم پیش از میلادی در سرزمین‌های آذربایجان و شمال باختر ایران شواهد بارزی دارند و مناطق اورارتوی شامل چند کشور کوچک و چنیدن پادشاه بوده‌اند.
- نام شهر ماکو که در اصل ماد کوه بوده و قلعه قدیمی آن.
- کلیسای ننه‌مریم از قدیمی‌ترین کلیساهای جهان.
- شهر گنجه با آتشکده آذرگشنسب (تخت سلیمان امروزی).
- روستای باستانی سنگر و شواهد به‌دست‌آمده از کندوکاری‌های بین ماکو و بازرگان. کندوکاری‌های خان‌تختی در مسیر سلماس به ارومیه مربوط به دوره ساسانی.

۲-۲ آذربایجان باختری و اقوام کهن

تپه‌های باستانی فراوان در استان آذربایجان غربی نشانه‌ای از قدمت زندگی اجتماعی و تمدن کهن این منطقه است. در آغاز هزاره اول پیش از میلاد، پیش از شکل‌گیری حکومت ماد، این سرزمین در قلمرو اقوام اورارتو قرار داشت. اورارتوها همسایه ماناها و کوتی‌ها بودند و از حدود ۱۵۰۰ سال پیش از میلاد کم‌کم انسجام یافتند؛ در قرن ۸ و ۷ پیش از میلاد به حکمرانی واقعی رسیدند. در دوران ماد، اقوام مختلف پیرامون دریاچه ارومیه در حکومت ماد انسجام یافتند و در دوره‌های هخامنشی تا ساسانی تابع حکومت مرکزی بودند، هرچند در زمان اشکانیان و سلوکیان تا حدودی خودمختار باقی ماندند.

اطلاعات بیشتر درباره اورارتوها عمدتاً از نوشته‌های آسوریان به دست آمده است. این اقوام با قدرت خود بر تجارت قفقاز و حوزه باختر دریای کاسپین تسلط داشتند و معماری شاهانه شهرهایشان بر معماری دوران ماد تأثیرگذار بود. زبان اورارتو احتمالاً از زبان‌های هورانی بوده و نزدیک‌ترین زبان مدرن به آن، گرجی است. کوه آرارات نیز به نام این قوم ریشه دارد. حکومت اورارتو پس از سال‌ها جنگ با آشور، در قرن هفتم پیش از میلاد توسط حمله سکاها که با آسوریان همراه بودند، فروپاشید و بازماندگان آن یا به سیطره مادها درآمدند و یا به قفقاز مهاجرت کردند. طبق اسناد آسوری، اولین حضور اورارتوها در منطقه شرق وان ثبت شده و کتیبه‌ها از شکست تعدادی پادشاه یا رؤسای قبایل توسط آسوری‌ها خبر می‌دهند، که بیانگر آغاز حکمرانی اورارتوها پیش از ثبت رسمی تاریخ آنها است.

کتیبه‌های اورارتوها عمدتاً در دو دسته جای می‌گیرند: نخست، کتیبه‌های فتح‌نامه که با فتح هر منطقه نقش یا دیوارنوشته‌ای به یادگار می‌گذاشتند، و دوم، کتیبه‌هایی که نشان‌دهنده

ساخت‌وساز شاهان بودند؛ مانند دژها، معابد، سدها، کانال‌ها و دریاچه‌های مصنوعی. این آثار امکان ردیابی تاریخ لشکرکشی‌ها و اقدامات عمرانی اورارتوها را فراهم می‌کنند.

اورارتوها برای تأمین آب و مصارف مردم، کانال‌ها و دریاچه‌های مصنوعی می‌ساختند. نمونه‌ای از این چشمه‌ها، چشمه اژدها بولاغی در اشنویه است که هنوز مورد استفاده است. کانال‌ها و دریاچه‌ها برای تأمین آب دژها، شهرها، کشاورزی و دامداری کاربرد داشتند. آثار اورارتوها در موزه‌های تبریز و ارومیه، موزه ملی ایران و موزه رضا عباسی نگهداری می‌شوند. همچنین موزه‌های ترکیه، ارمنستان، آلمان، ژاپن و هرمیتاژ سنت پترزبورگ مجموعه‌هایی از این آثار دارند.

دکتر مریم دارا می‌گوید: «بین سده نهم تا هفتم پیش از میلاد، اورارتوها در منطقه‌ای وسیع بین چهار دریاچه حکومت می‌کردند؛ از دریاچه وان ترکیه تا دریاچه ارومیه ایران.»

اطلاعات نخستین درباره اورارتوها از کتیبه‌های آسوریان به دست آمده است. آسوری‌ها، از جمله شلمانصر اول، از پادشاهان یا رؤسای طوایف اورارتو سخن گفته‌اند که در نبردها شکست خورده‌اند. اصطلاح «پادشاه» در این کتیبه‌ها الزاماً به معنای شاهنشاهی با تخت و تاج نیست، بلکه معمولاً رؤسای قبایل یا خانواده‌ها را شامل می‌شود.

۲-۲-۱ اورارتوها

بی‌آنکه سند مستقیمی از خود او موجود باشد، ظاهراً «ارمو» نخستین کسی بود که رؤسای قبایل اورارتو را زیر یک پرچم متحد کرد و به‌عنوان شاه شناخته شد. نام او در سه کتیبه آسوری به عنوان شاه اورارتو آمده است و از این رو می‌توان او را بنیان‌گذار سلسله اورارتو دانست.

نفر بعدی ساردوری اول بود که پسر ارمو نبود و نام پدرش لوتیپ است. ساردوری نخستین کسی بود که کتیبه‌نگاری رسمی را آغاز کرد و قلعه‌ای در شرق دریاچه وان به نام توشپا ساخت، که بعدها پایتخت اورارتوها شد. فرزندان ساردوری قدرت اورارتوها را افزایش دادند و به فعالیت‌های فرهنگی پرداختند.

پسر ساردوری اول، ایشپوئینی، چهره‌ای برجسته و جاه‌طلب بود. او خط اورارتویی را ابداع کرد و بیشترین کتیبه‌های بازمانده به دستور او نگاشته شده‌اند. ایشپوئینی همچنین ساخت‌وسازهای مستحکم انجام داد، تالارهای ستون‌دار بنا کرد و برای نخستین بار خالدی را به عنوان خدای برتر معرفی نمود. ایشپوئینی نظام حکومت توأم با ولیعهد را بنیان نهاد؛ مینوآ، ولیعهد او، هم‌زمان عنوان شاه پیدا کرد و هر دو در کتیبه‌ها از شاهان اورارتو یاد شده‌اند. خرد ایشپوئینی و توانمندی جوانی مینوآ موجب تثبیت حکومت و گسترش مرزهای اورارتو شد. آنان از شرق دریاچه وان به سمت جنوب و غرب دریاچه ارومیه پیشروی کردند و حتی برای مدتی به ماورای قفقاز نفوذ کردند، تا حدود ده سال مرزهای خود را گسترش دادند.

۲-۲-۱-۱ مراسم‌های اورارتویی

مهم‌ترین معبد اورارتوها، معبد خدای خالدی، در منابع آسوری «موساسیر» و در منابع اورارتویی «اردینی» نامیده می‌شود و خارج از مرزهای اورارتوها قرار داشت. شاهان اورارتو، مشابه سنت ساسانیان، برای کسب مشروعیت مذهبی به این معبد سفر می‌کردند و خروج از توشپا و زیارت موساسیر نوعی سفر زیارتی و تثبیت قدرت محسوب می‌شد. در شرق دریاچه ارومیه تا تکاب و حوالی تخت سلیمان، ماناها سکونت داشتند. مینوآ، نوه ایشپوئینی، به این منطقه لشکرکشی کرد، آثار ماناها را نابود نمود و در کتیبه‌ها می‌گوید که «از مانا تا آشور را آتش زده است». نام پسر مینوآ، اینوشپوآ، در کتیبه‌ها آمده است، اما هیچ مدرکی دال بر ولیعهدی یا جانشینی او وجود ندارد و قدرت در نهایت به آرگیشتی، پسر دیگر مینوآ منتقل شد.

۲-۲-۱-۲ زوال اورارتوها

چند نظریه درباره افول قدرت اورارتوها وجود دارد. محبوب‌ترین دیدگاه، قدرت گرفتن مادها و مقاومت آنها در برابر آشور و احتمالاً اورارتوهاست. نظریه‌ای دیگر، فرمانروایی کوروش و سیطره او بر پادشاهی‌های کوچک منطقه است که با زور یا سیاست، قلمرو آنها را تحت کنترل خود درآورد. شواهد باستان‌شناسی همچنین از نفوذ سکایی‌ها از زمان روسای دوم حکایت دارد که ممکن است به حذف اورارتوها کمک کرده باشد. با این حال، هر اتفاقی که برای اورارتوها افتاده باشد، شهرها و فرهنگ آنها از بین نرفته است و تنها ساختار حکومتی‌شان حذف شد. ارامنه نیز که از دیرباز در این منطقه ساکن شده‌اند، وارث سرزمین‌هایی هستند که اورارتوها در آنها حکومت می‌کردند و امروزه در ارمنستان و گرجستان می‌توان نشانه‌هایی از حضور اورارتوها را مشاهده کرد.

۲-۲-۱-۳ کتیبه‌های اورارتویی

سبک کتیبه‌های اورارتویی با کتیبه‌های فارسی باستان قابل قیاس است، زیرا در هر دو، پادشاه خود، جایگاهش و اهدافش را مستقیماً بیان می‌کند (شکل ۲-۱ و ۲-۲). با این تفاوت که پادشاهان هخامنشی کمتر به جنگ‌ها، کشتار و جدال‌ها اشاره کرده‌اند، یا دست‌کم اسناد برجسته‌ای از آنها در دست نیست. در مقابل، اورارتوها در طول دوران حکمرانی خود به فخرفروشی‌های نظامی می‌پرداختند؛ روالی که ریشه در سنت‌های میان‌رودان دارد و اورارتوها ادامه‌دهنده آن بوده‌اند. زبان اورارتویی به زبان هوری نزدیک و با آن هم‌خانواده است. هوری‌ها پیش از قدرت‌گیری اورارتوها در این منطقه حضور داشتند، اما به‌تدریج جایگاه سیاسی خود را در برابر اورارتوها از دست دادند.

شکل ۲-۱. کتیبه اورارتویی محمودآباد بعد از انتقال به موزه ارومیه.

شکل ۲-۲. کتیبه میخی اورارتویی نشتبان.

۲-۲-۱-۴ تدفین‌های اورارتویی

تدفین‌های پادشاهان و اشخاص رده بالای جامعه قطعا در غارهای دستکند انجام می‌شده است که تعداد زیادی از اینها را در شمال غرب ایران و همچنین در توشپا یا قلعه وان شناسایی کرده‌اند که در منطقه مادها یک روال بوده است. از هخامنشیان هم همین سیستم، با تدفین‌های صخره‌ای، نشانه‌هایی در دست است. این قیاس‌ها می‌توانند کمک کننده باشند. این تدفین‌های چنداتاقه تفاوت‌ها و شباهت‌های فرهنگ‌های قبل و بعد آنها را نشان می‌دهد.

۲-۲-۱-۵ معماری اورارتویی

معماری اورارتوها بیشتر برپایه کندوکاری سنگی بود و با معماری میان‌رودانی‌ها که از خشت بوده تفاوت‌هایی داشت. معمولاً معابد اصلی بین‌النهرینی خیلی بزرگ هستند که در معابد اورارتویی این عظمت دیده نمی‌شود. وجه برجسته کار اورارتوها سنت فلزگری‌شان است که از آنها به شکل پیکرک، پایه شمعدان، تزئیناتی مثل پلاک‌های سینه، دستبند، گوشواره و نقوش کار شده بر روی آنها آثار زیادی باقی مانده است. اورارتوها در منطقه‌ای با معادن فلزی زندگی می‌کردند که میان‌رودانی‌ها از آن بی‌بهره بودند، به همین خاطر میان‌رودانی‌ها به قلمرو اورارتوی تجاوز می‌کردند.

۲-۲-۱-۶ تأثیر اورارتوها بر تاریخ آذربایجان و ایران

می‌توان گفت دشمن اصلی اورارتوها، آسوریان و دولت‌های میان‌رودان بودند. انسجام و ساختن استحکامات اورارتو، به‌خصوص قاره‌های سنگی و کنده کاری در دل سنگ، برای در امان ماندن از جمله‌های دولت میان‌رودان بوده است (شکل ۲-۳ و ۲-۴). هجوم آسوریان باعث تضعیف اورارتوها شد.

در پی تضعیف اورارتوها، برای مقابله با آشورها و برانداختن دولت آشور، اقوام بومی چون کوتی‌ها، ماناها، لولوجیان و مهاجران آریایی متحد شده، دولت ماد را تشکیل دادند.

شکل۲-۳. نمایی از مجموعه تاریخی سنگر

شکل۲-۴. نمایی از مجموعه تاریخی سنگر.

۲-۲-۲ ماناها

اقوام مانا در سرزمین‌های غربی دریاچه ارومیه در بخش بزرگی از آذربایجان باختری و کردستان در سرزمین‌های امروزی نقده، اشنویه، مهاباد، شاهین دژ، تخت سلیمان، سقز و بانه زندگی می‌کردند.مانای یکی از اقوام تشکیل دهنده دولت ماد بودند. نام این قوم در کتیبه‌های آسوری (minni) و در تورات منی آماده است. هرودوت آنها را منای (mennai) می‌نامد. قلایچی به عنوان ایزیرتو شناخته شده است پایتخت مهم ماناها که در متون آسوری به آن اشاره شده است. در دوره زمانی بین ۱۰۰۰ پیش از میلاد تا شروع مادها و گاه همزمان با آنها و تا ظهور هخامنشی‌ها در ۵۵۰ پیش از میلاد شمال باختر ایران و غرب ایران میدان‌گاه و عرصه ظهور حکومت‌های کوچک و بزرگی از جمله اورارتوها، ماناها و الیپی‌ها بود. آنها بین دولت‌های قدرتمندی چون اورارتوها در شمال عیلامی‌ها در جنوب آسوریان در غرب و مادها در حال تشکیل و توسعه قرار داشتند. الیپی پادشاهی‌ای در شمال عیلام بود که بین قرن ۹ تا ۷ پیش از میلاد در منطقه کنونی لرستان و کرمانشاه شکوفا شد. پادشاهی کوچک مانا شان سیستم نوشتاری مخصوص به خود نداشتند اما این مسئله را میدانیم که ماناها زبان مختص به خود و در دربار آشور مترجم داشتند (حسن پور وجان کرتیس۱۴۰۰).

نام مانا نخستین بار در گزارش‌های لشکرکشی آسوریان در زمان پادشاهی شلمنصر سوم در ۸۴۳ پیش از میلاد ظاهر می‌شود و پس از آن در زمان نوادگانش مخصوصاً سارگن دوم ۷۲۱ تا ۷۰۵ پیش از میلاد ادامه می‌یابد. مانا همچنین در فاصله ۸۲۰ پیش از میلاد تا اواسط سده ۷ پیش از میلاد به کرات مورد هجوم اورارتوها قرار میگیرد بیشک کشورشان غالباً ویران می‌شود اما شاهان آشور و اورارتو به وضوح در میزان پیروزی خود بر ماناها اغراق کرده‌اند. این حملات میدانی هیچگاه باعث از دست رفتن کامل حاکمیت ماناها نشد زیرا پادشاهان مانایی دیپلمات‌های ماهر و زیرکی بودند (همان).

ظاهراً آنها چارچوب سیاسی نسبتاً پایداری داشتند و استراتژی سیاسی آنها جلب رضایت طرف قدرتمند است. برای مثال اولوسونو پادشاه ماناها پس از حملات موفقیت آمیز سارگن دوم علیه اورارتو با آشور متحد شد سارگن دوم گزارش داد که اولوسونو برای وی در ایزیرتو(سقز یا قلایچی)، پایتخت آن زمان مانا، سنگ یادبود ساخته است استراتژی سیاسی ماناییان در هنر آنها نیز مشهود است و تأثیر آسوری‌ها را در آجرهای لعابدار قلایچی، عاج‌های با نقش کنده و سفال‌هایشان می‌توان دید. طبق کتیبه‌های آسوری دو شهر عمده مانای‌ها ایزیرتو (izirtu)، احتمالاً در نزدیکی سقز امروزی و میسی یا مستا (missi-meata) در نزدیکی دریاچه ارومیه بوده است. شاید همان دشت سلدوز امروزی و تپه حسنلو از آن ماناها و احتمالاً تپه‌های باستانی نزدیکه مهاباد و میاندوآب مربوط به این قوم باشند. ولی از شاخص‌ترین شواهد مربوط به آثار ماناها تپه قلایچی بوکان است که از مکان‌های است که به احتمال محل پایتخت آنها باشد.

آجرها و کاشی‌های لعابدار قلایچی بوکان

یکی از عجایب تاریخ کهن ایران قبل از تشکیل دولت‌های یکپارچه ماد و هخامنشی، صنعت، پیشرفت و اعتقاد کهن ایران در تمدن کوچک واقع در سرزمین‌های ایران می‌باشد. آجرها و لعابدارها و کاشی‌های تپه قلایچی مربوط به تمدن ماناها یکی از این واقعیت‌هاست.

آجرهای تپه قلایچی در دهه ۱۳۶۰ خورشیدی در نتیجه کاوش‌های غیرمجاز به دست آمد و در همان سال‌ها به خارج از کشور قاچاق شد و برخی از آنها در حراجی‌ها به فروش رسید. از جمله در لندن، نیویورک و پاریس. دکتر جان کرتیس، می‌نویسد نخستین بار در مقام موزه‌دار بخش خاورمیانه موزه بریتانیا در انباری در بندر چیاسو در مرز سوئیس و ایتالیا مجموعه‌ای شامل ۵۲ آجر لعابدار منقوش با تنوعی از رنگ‌های سیاه، قهوه‌ای، آبی روشن، زرد و سفید بود. در میان آنها، ۴۳ آجر کامل و ۹ آجر کوچکتر (نیمه و چارک) یافت می‌شد. من به دارنده این مجموعه توضیح دادم که موزه بریتانیا این مجموعه را خریداری نخواهد کرد چرا که آنها به وضوح از محوطه قلایچی بوکان قاچاق شده‌اند و من ترجیح می‌دهم که آنها به ایران بازگردانده شوند.

در نتیجه تلاش و پیگیری دکتر کورتیس و جناب جیمی سکات در لیپمن کاراس وکیل برجسته حوزه میراث فرهنگی در انگلستان و مکاتبات رئیس وقت موزه ملی ایران دکتر جبرئیل نوکنده با تلاش‌های پیگیری این اشخاص و قوانین بین‌المللی خوشبختانه این آجرها در تاریخ ۲۹ آذرماه ۱۳۹۹ به ایران برگشتند و در موزه ملی ایران جای گرفتند. در این میان از جناب دکتر یوسف حسن‌زاده از کارشناسان موزه ملی ایران می‌بایست قدردانی نمود که در این بازگرداندن نقش داشته‌اند و به‌خصوص کار بر روی این آجرها و انتشار کتاب آجرهای لعابدار بوکان نوشته‌اند (شکل ۲-۵ تا ۲-۸).

آجرهایی که از سوئیس بازگردانده شده اند، شامل ۵۱ قطعه اند که شامل ۴۲ قطعه کامل به ابعاد۳۳*۳۶*۳۶، ضخامت ۱۱/۴-۷/۴ سانتی‌متر (بیشتر ۸-۹ سانتی‌متر) و بقیه نیمه یا چارک می‌باشند که روی آنها نقوش مختلف از جمله نقوش هندسی، نقش ستاره چهارپر، نقش گل رز و نقوش حیواناتی مانند عقاب، پرنده، اسب بالدار با شاخ، ترکیب بدن حیوان با سر انسان، شیر بالدار، گاو بالدار با سر انسانه و... این نقاشی‌ها و نگاره بر روی کاشی‌ها ژرفای اعتقاد ودانسته‌های ماناها را به ما یادآوری می‌کند.

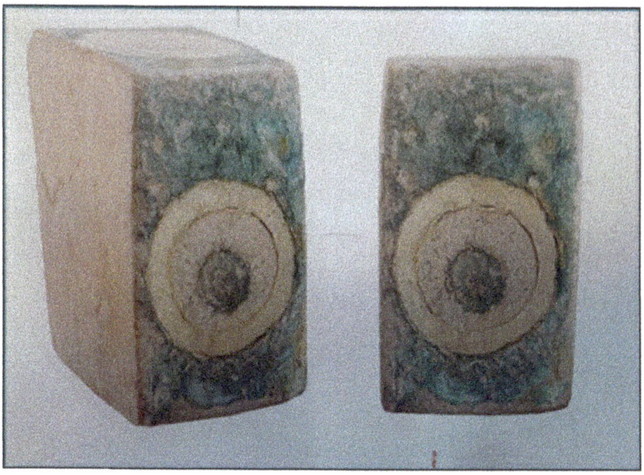

شکل ۲-۵. نمایی از آجر منقوش لعابدار نوع چارک با نقش دایره متحدالمرکز در دو ضلع کناری، (کتاب آجرهای لعابدار بوکان).

شکل ۲-۶. نمایی از آجر منقوش لعابدار نوع نیمه، روی ضلع پهنا نقش رزت چند پر و دایره‌های متحدالمرکز و روی ضلع کناری لعاب آبی رنگ بدون نقش دارد، (کتاب آجرهای لعابدار بوکان).

شکل ۲-۷. نمایی از آجر منقوش لعابدار نوع کامل با نقش قوچ روی ضلع پهنا و دوایر متحدالمرکز روی ضلع کناری، (کتاب آجرهای لعابدار بوکان).

شکل ۲-۸. نمایی از آجر منقوش نوع لعابدار کامل با نقش بانوی بالدار روی سطح پهنا، (کتاب آجرهای لعابدار بوکان).

تپه قلایچی، آنچه تاکنون در این تپه اکتشاف شده، فضاهای مرتبط در درون یک حصار محکم و یک دروازه اصلی و دره کوچک به سمت شمال با ساختارهای قابل دفاع است. همچنین در بیرون حصارها یک قبرستان دیده می‌شود. برخی تپه قلایچی را همان شهر (ایزرتو) پایتخت ماناها دانسته‌اند که مربوط به اوایل قرن هشتم تا نیمه قرن هفتم پیش از میلاد است (شکل ۲-۹).

شکل ۲-۹. تپه قلایچی به‌احتمال به عمر آهن تعلق دارد و از آثار اقوام مانایی است.

۲-۲-۳ گوتیان

گوتیان طایفه‌ای از ساکنان قدیم شمال غرب زاگرس، بخش کردستان فعلی و بخشی از آذربایجان غربی بودند. پرشاپل (باستان‌شناس) آنها را آریایی‌نژاد دانسته که نخستین موج مهاجرین برآمده از مرکز آسیا و جنوب روسیه و اوکراین به فلات ایران آمده‌اند. اما نگارنده اعتقاد دارد اقوام گوتی، مانایی و اورارتوی بومیان ساکن شمال غرب بودند که در اتحاد با مهاجران یادشده دولت ماد را تشکیل دادند.

گوتیان با حمله به بابل پادشاه بابل (نارامسین) را شکست داده‌اند. هرچند از این حمله اطلاعات دقیقی در دست نیست و شاید قوم متجاوز به بابل و اشغال‌کننده آنجا کاسپیان بوده باشند.

برخی پایتخت گوتیان را نزدیک کرکوک و پاره‌ای دیگر سوبارتور دانسته‌اند که هیچ کدام به‌احتمال درست نبود. آخرین پادشاه گوتی‌ها پتریکان بود که پس از کشته شدن به دست یکی از پادشاهان میان‌رودان (احتمالاً پادشاه شهر ارخ واقع در شهر سومر) سلطه گوتیان کاهش‌یافته، دولتشان منقرض می‌شود.

۲-۳ آذربایجان باختری در زمان باستان

همان‌طور که پیش‌تر گفتیم، می‌دانیم که حداقل بیش از هزار سال پیش از میلاد، اقوام اورارتویی، مانا و کوتی‌ها در سرزمین آذربایجان سکونت داشته‌اند و دولت محلی تشکیل داده‌اند. شواهد آنها در همه‌جای آذربایجان، از قبرستان عصر آهن تبریز تا سنگ‌نوشته‌ی اورارتویی و آثار آنها، تا تمام شواهد بر جای‌مانده از ماناها و شاید اضافه شدن تعدادی از اقوام مهاجر از شمال باختر کاسپین -آنچه آمدن اقوام آریایی به ایران می‌گویند- ساکنان کهن آذربایجان را تشکیل می‌دادند.

اقوام بومی، همان اورارتویی‌ها، ماناها و کوتی‌ها، با آمدن اقوام آریایی به فلات ایران، با هم آمیخته شدند و در یک اتحاد، پادشاهی ماد را برای جلوگیری از تجاوز و هجوم آسوریان به وجود آوردند که نهایتاً باعث نابودی آسوری‌ها و حذف آنها از صفحه‌ی تاریخ شد.

ماد از دو بخش ماد کوچک و ماد بزرگ تشکیل می‌شد؛ ماد کوچک آذربایجان امروزی است و ماد بزرگ شامل همدان، کردستان، کرمانشاه و تا اصفهان و از جنوب‌غرب تا مرز دولت ایلام، که در این زمان ضعیف شده بود، می‌شد. پایتخت ماد هگمتانه (همدان امروزی) بود که تلفظ آن به یونانی اکباتان نامیده می‌شد. مادها نخستین دولت متمرکز و مقتدر را در فلات ایران پایه‌گذاری کردند و در داخل فلات ایران آغاز به گسترش قلمرو خود نمودند.

گسترش قلمرو ماد هم‌زمان شد با قدرت‌گیری پارسیان در مرکز و جنوب‌غربی ایران و ادغام با ایلام یا حل شدن دولت ایلام در دولت پارس. نیاکان هخامنشیان با پادشاهان ماد در ارتباط بودند و به نوعی تحت حمایت مادها بوده‌اند، به‌گونه‌ای که وقتی پادشاه ماد از اقدام‌های کورش بزرگ ـ که نوه‌ی دختری او بود ـ باخبر شد و او را به هگمتانه فراخواند، امتناع کورش از رفتن به دربار ماد به‌عنوان عصیان وی برداشت شد. برخورد پارسیان و مادها در نهایت به سقوط پادشاهی ماد انجامید که البته نسبت مادری کورش، که دختر آخرین پادشاه ماد بود، و نقش گروهی از درباریان و بزرگان و نظامیان ماد که با کورش همکاری می‌کردند، تأثیر فراوانی در این رخداد داشت.

در زمان هخامنشیان، ماد کوچک (آذربایجان) به‌عنوان یکی از ساتراپ‌ها اداره می‌شد. در اواخر دوران هخامنشی و هم‌زمان با لشکرکشی اسکندر به ایران، ساتراپ ماد کوچک فردی بود به نام آتورپات (آذرباد). وی توانست ماد کوچک را از حمله‌ی اسکندر حفظ کند. پس از آن، ماد کوچک

به نام او «ماد آتورپاتن» یا «آتورپاتگان» نامیده شد، و «آذربایگان» و بعد از اسلام «آذربایجان» از همین ریشه، یعنی آتورپاتکان، گرفته شده است.

در زمان سلوکیان و اشکانیان، آذربایجان بخشی از دولت سراسر ایران تابع مرکزی بود که تا حدودی خودمختاری نسبی هم داشت. اساس کشورداری در زمان اشکانیان بر استقلال نسبی استان‌های کشور که همگی تابع حکومت مرکزی بودند، استوار بود؛ مشابه نمونه‌ی امروزی آن یعنی ایالات متحد آمریکا. در زمان سلوکیان تا آخر اشکانیان، به نظر می‌رسد خاندان آتورپاتن همچنان بر آذربایجان حکم می‌راندند.

در زمان ساسانیان که تمام ایالت‌های اشکانی حالت متمرکز یافتند و تمام آذربایجان و قفقاز در حاکمیت ساسانیان بود، آذربایجان اهمیت ویژه‌ای یافت. یکی از سه آتشکده‌ی معتبر ساسانیان، آتشکده‌ی آذرگشنسب، در شیز واقع در آذربایجان باختری قرار داشت. پادشاهان ساسانی پیش از شاه شدن به زیارت آن می‌شتافتند و هدایای بسیار تقدیم می‌کردند و آن یکی از زیارت‌گاه‌های مردمان زرتشتی آن زمان بود. این آتشکده نشانه‌ی اتحاد دین و دولت بود و یکی از نمادهای دولت ساسانی به‌شمار می‌رفت.

در زمان حکومت ساسانیان، اقوام ترک‌نژاد خزر به قفقاز وارد شدند. قباد، پدر انوشیروان، با تلاش فراوان ایشان را عقب راند و دژهای مستحکمی در دربند قفقاز برای جلوگیری از یورش‌های آنها بنا کرد. از وقایع مهم آذربایجان در زمان ساسانیان، جنگ سرنوشت‌ساز بهرام چوبین با خسرو پرویز در این استان بود که به شکست بهرام انجامید. دیگر واقعه‌ی مهم، ورود هراکلیوس، امپراتور روم، به آذربایجان بود که منجر به ویرانی آتشکده‌ی آذرگشنسب شد.

۴-۲ آذربایجان باختری بعد اسلام

واقعیت این است که وقتی گفته می‌شود تاریخ آذربایجان از باستان تا زمان‌های بسیار بعد، شامل هر دو آذربایجان است، نه باختری و خاوری آن. در زمان حمله‌ی اعراب به ایران، آذربایجان هم مورد هجوم قرار گرفت. در مدارک رومی و ارمنی، نام سپاهبد و شاهزاده‌ی آذربایجان، رستم پسر فرخ‌هرمز، آورده شده است که البته با توجه به متن شاهنامه در بخش نامه‌ی رستم فرخزاد به برادرش، به نظر می‌رسد درست باشد. البته نگارنده دلایل کافی برای موضوع ندارد، ولی در برخی نوشته‌ها آمده است:

چو نامه بخوانی خرد را مران — بپرداز و برساز با مهتران
همی‌تاز تا آذرآبادگان — به جای بزرگان و آزادگان
همیدون گله هرچ داری ز اسپ — ببر سوی گنجور آذرگشسپ

ساسانیان پس از شکست قادسیه و نهاوند، پی‌درپی از اعراب شکست می‌خوردند؛ هرچند شهر به شهر مقاومت می‌کردند، ولی مقاومت به‌طور چشمگیر و با بیرحمی و غارت و مصادره‌ی اموال آنها سرکوب می‌شد. در آذربایجان هم چنین شد؛ اعراب به آذربایجان نیز مانند دیگر نقاط ایران سرازیر شدند. در قرن‌های اول و دوم هجری، به دلیل آبادی و داشتن زمین‌های کشاورزی مستعد، تعدادشان در آذربایجان رو به گسترش بود. کسروی هم این موضوع را با دو دلیل آورده: یکی اینکه مردمان آذربایجان بسیار پایداری کردند، به‌گونه‌ای که مسلمانان آذربایجان را به‌عنوان (الاراضی المفتوحه عنوه) یعنی «سرزمین‌های به زور گرفته‌شده» می‌شمردند که در فقه حکم خاص دارد؛ و دوم، سرسبزی این دیار. از عشیره‌های عرب که در قرون اول و دوم هجری به آذربایجان وارد شدند، بنی‌تغلب، یمانیان و حمدانیان ثبت شده است. البته گفته شده اولین حاکم عرب اشعث بوده است.

آذربایجان در قرن‌های اول تا چهارم خورشیدی، از کانون‌های عمده‌ی مقاومت و شورش ایرانیان در برابر اعراب و عمال خلیفه بود و مردم اغلب در حال زد و خورد با تازیان بودند؛ به‌طوری‌که گفته شده در زمان حاکمان اول اموی، آذربایجان سد به شورش نهادند.

اوج این شورش‌ها و مقاومت‌ها، قیام خرمدینان می‌باشد. از شاخص‌ترین آنها بابک خرمدین است که جنبش این گروه اصولاً شورش قهرمانه‌ی بابک در برابر خلیفه است (به کتاب آذربایجان خاوری، اشاره به بابک از همین مجموعه مراجع شور). بابک مدت طولانی توانستند در مقابل خلیفه و سرداران عرب مقاومت کنند و چهار بار سپاه بزرگ خلیفه را مغلوب کردند. در نهایت، در نتیجه‌ی خیانت افشین، شاهزاده‌ی کوشان (بخشی از افغانستان و تاجیکستان امروزی)، که با حیله به قلعه‌ی بابک دست یافت، بابک به ارمنستان گریخت؛ اما یکی از کشیشان ارمنستان او را به دشمنان فروخت. بابک را به بغداد بردند؛ وی پس از شکنجه، کشته شد. کشف ارتباط و همداستانی میان افشین و مازیار و اندیشه‌ی افشین، در نهایت به سقوط و مرگ افشین نیز منجر شد. این مرام شناخته‌شده است که برای رسیدن به یک هدف کوچک‌تر، به یک دشمن بزرگ و ذاتی تکیه کردن، خطای بزرگ است. افشین به ظاهر مسلمان شده بود و می‌خواست با نشان دادن حسن نیت به خلیفه، با بابک جنگید؛ هدف از همکاری با خلیفه، برای به‌دست آوردن حکومت کوشان بود. این واقعیت در تاریخ نمونه‌ی فراوان دارد. باید دانست کسی که ذاتی و ایدئولوژیکی دشمنی کل ایران است، هیچ‌وقت با هیچ ایران‌خواهی سازش ندارد و دوست نمی‌شود، مگر در حالت ضعف؛ تا در موقع مناسب سر از تن همیار مصلحتی جدا کند؛ کاری که خلیفه‌ی عباسی و همفکرانش بارها بر بزرگان خیرخواه ولی ساده‌اندیش ایران انجام داده‌اند.

در قرن‌های دوم و سوم، حاکمیت اعراب -اقوام خزری که در شمال قفقاز و شمال‌شرق دریای سیاه زیست می‌کردند و شاخه‌ی غربی ترک‌تباران بودند- این مردمان در زمان ساسانیان قصد ناامن کردن مرزهای شمال غرب ایران را داشتند و از طرف دولت روم هم حمایت می‌شدند؛

ولی ساسانیان با سرکوب آنها و کشیدن دیواری و محافظت از حریم مرزها، مانع رسیدن این اقوام به ایران می‌شدند. این اقوام بعد از اسلام، مجدد تلاش‌های خود را برای ورود به درون آران (سرزمین کنون کشور آذربایجان به مرکزیت باکو) و آذربایجان از سر گرفتند و چندین تلاشِ آنها توسط سپاهیان خلافت عربی عقب رانده شد. در سال ۱۷۸ خورشیدی، یک جمع بزرگ از خزرها از گذرگاه‌های قفقاز به درون آران سرازیر شدند و دست به تخریب و کشتار زدند. خازم ابن خزیمه را هارون‌الرشید به منطقه فرستاد و او آنها را بیرون راند و دربندهای کوهستانی قفقاز را بازسازی کرد. این هجوم تحریکات و حمایت دولت بیزانس (روم شرقی) درجهتناامن کردن مرزهای شمالی حاکمیت هم دانسته شده است. تاریخ‌نگاران سده‌های چهارم و پنجم هجری مانند بیهقی و ابن اثیر از حضور ترکان غُز در اواخر قرن چهارم در آذربایجان حکایت دارند. این گروه ترکان‌زبانان از شمال خاور دریای کاسپین، از اواخر حکومت غزنویان و اوایل حکومت سلجوقیان وارد ایران و آذربایجان شدند. هم‌چنین چامچیان، تاریخ‌نگار ارمنی، درباره‌ی جنگی که بین ایلات غُز و شهریاران محلی آذربایجان (واسپورگان) در سال‌های ۴۰۰ و ۴۰۱ خورشیدی درگرفته است، می‌نویسد: «در این سال غزه که همچون سیل به آذربایگان رسیده بودند، روی به نواحی ارمنستان آورده، به واسپورگان درآمدند؛ دست به تاراج و تالان بگشادند؛ بسیار جاها پایمال ساختند».

دکتر محمدجواد مشکور درباره‌ی آمدن قبایل ترک به آذربایجان در کتاب «نظری به تاریخ آذربایجان، ج ۱، تهران ۱۳۳۹، ص ۱۵۲» می‌نویسد: حوادث متناوب یکی بعد از دیگری آذربایجان را آماج تهاجمات پیاپی قرار داد. در سال‌های بعد، آمدن سلجوقیان و ایلخانان و حاکمیت ترکان، با نفوذ این اقوام و گسترش زبان ترکی، سیطره‌ی زبان آذری محدود و رفته‌رفته رو به کاهش نهاد. هرچند تعداد افرادی که ترک‌تبار بودند که به آذربایجان رسیدند زیاد نبودند و اغلب آنها در سرزمین‌های آناتولی یا آران مستقر شدند؛ به‌خصوص اقوام خزری، به‌نظر می‌رسد که غالباً به سرزمین‌های آناتولی ساکن شده‌اند؛ اما به هرحال این اقوام با حاکمیت، سرزمین‌های وسیعی، به‌خصوص غرب ایران آناتولی را چند قرن در اختیار داشتند.

حکومت ترک‌تباران و به‌خصوص ترکمانان آق‌قویونلو و قراقویونلو و اسکان آنها در آذربایجان، بیش از پیش موجب رونق ترکی و تضعیف زبان «آذری» شد. به هرحال، از آذربایجان در نهایت یک حاکمیت ملی و سراسری یعنی دولت صفوی برخاست و برای حدود دو سده و نیم، حاکمیت را در اختیار داشت. آذربایجان برای حکومت‌های بعدی از صفویان، به‌خصوص قاجاریان، بسیار مهم بود و شهر تبریز در زمان قاجاریان در اصل پایتخت دوم قاجاریان محسوب می‌شد. در دوران پهلوی، آذربایجان بیشتر از خیلی مناطق ایران موردتوجه از نظر صنعتی و کشاورزی قرار گرفت. بخش‌هایی از تاریخ بعد از اسلام، به‌خصوص تاریخ دو قرن اخیر آذربایجان غربی، در تاریخ ارومیه خلاصه می‌شود که بدان اشاره می‌کنیم.

۵-۲ نام و تاریخ شهر ارومیه

برای نمایاندن تاریخ آذربایجان غربی در دوره بعد از اورارتوها، اشاره‌ای به تاریخ ارومیه می‌کنیم که تقریباً تاریخ آذربایجان غربی را نیز دربردارد.

اور در زبان آسوری به معنای شهر است که در واژه اورشلیم (شهر آشتی) هم به‌کار رفته، میه به معنای آب است.

بنابراین ارومیه در زبان آسوری به معنای «شهر آب» است. این شهر در شروع دوره پهلوی به دلیل علاقه رضاشاه به این شهر رضائیه نام گرفت که پس از انقلاب اسلامی دوباره به نام ارومیه برگشت.

ارومیه را در زبان سریانی اورمیا و اورمی، در زبان ترکی آذربایجانی اورمیّه / اوُرمو، در ارمنی اورمی در زبان کردی سورانی (ورمێ) و کردی کرمانجی (Ûrmîye)، در فارسی و ترکی عثمانی ارومیه نوشته‌اند. پورداود نام اورمیه را ترکیبی از دو واژه آرامی «اور» به معنای شهر و «میاه» به معنای آب نوشته است.

ارومیه در قلمرو اورارتوی باستانی (اواخر هزاره دوم قبل از میلاد-اوایل هزاره اول قبل از میلاد) قرار داشت که علی‌رغم ارتباطات زبانی با هوریان آناتولی بود شدیداً تحت تأثیر آسوریان بود.

ماناها در شرق دریاچه ارومیه می‌زیستند و در سال ۷۱۴ پیش از میلاد پادشاه آشور، "سارگون شاه" اورارتوی‌ها را شکست داد گرچه شاهان اورارتو تا قرن ۷ قبل از میلاد همچنان حضور داشتند.

بعد از اسلام ارومیه تاریخ باثباتی ندارد و اغلب در قلمرو حکومت‌های محلی یا مرکزی و گاهی در قلمرو بیگانگان قرار می‌گرفته است.

صدقه بن علی، از خدمه عضد الدوله دیلمی پس از فتح ارومیه قلعه‌های زیادی در آنجا بنا کرد؛ جغرافیدانان قرن ۴ هجری مانند ابن حوقل و اصطخری در بین شهرهای آذربایجان (پس از اردبیل و مراغه) به ارومیه جایگاه سوم می‌دهند و به پرآب بودن، و غنایش ازنظر باغات میوه و حاصلخیزی تأکید می‌کنند.

در این دوره، ارومیه بر سر بزرگراه اردبیل-مراغه-ارومیه-دریاچه وان قرار داشت. در دوره سیطره دیلمیان بر آذربایجان، در ارومیه به نام جستان بن شرمزن برمی‌خوریم. این سردار از۹۵۷ میلادی یکی از جنگجویان وفادار دیسم الکردی بود. بعدها که دیلمیان ارمنستان را شکست دادند، او تحت امر مرزبان حاکم ارمنستان درآمد.

وقتی جستان در ۳۴۶-۸ ق/۹۵۷م جایگزین پدرش مرزوبان شد زیر بار سروری و اقتدار او نرفت. ارومیه را ترک کرد و با ابراهیم بن مرزبان، فاتح و متحد مراغه شد.

سپس او را ترک کرده، به ارومیه برگشت و دور آن دیوار کشید و سربازخانه مستحکمی هم در آنجا ساخت. به خدمت خلافت المستجیر بالله درآمد و از حمایت کردهای قحطانی برخوردار شد؛ ولی پسران مرزوبان (جستان و ابراهیم) او را با کمک کردهای هذبانی شکست دادند. در ۳۴۹ق/۹۶۰-۹۶۱ م به تحریک وهسودان، برادر مرزوبان او با شکست دادن ابراهیم بن مرزوبان بازمانده سپاه او را به‌فرمان درآورد و مراغه را به ارومیه منضم کرد.

بعد از آن ارومیه مدتی صحن جنگ بین اغوزها و کردهای هذبانی و ارامنه بود. مدت چند قرن در سیطره سلجوقیان، خوارزمشاهیان، ایلخانیان، تیموریان و ترکمنان قراقویونلوها و اقیونلوها قرار داشت تا سرانجام دولت صفوی ظهور کرد.

پس از ضعف اورارتوها و مهاجرت‌شان به سمت قفقاز، باقی مانده اورارتوها، ماناها، کوتی‌ها و غیره مهاجران آریایی دولت ماد را تشکیل دادند و آذربایجان باختری تابع دولت ماد و جزئی از آن بود. در زمان هخامنشی، اشکانیان و ساسانی، کل آذربایجان بخشی از ایران غربی به حساب می‌آمد.

در اوایل دوره صفوی یکی از سرداران محلی به نام امیرخان جایگاهی برجسته دارد. شاه عباس اول حق موروثی امیرخان برای حکومت بر برادوست و ارومیه را به رسمیت شناخته بود. ولی با توجه به پیوستن بسیاری از کردها از جمله فرمانروایان مکری (غرب و جنوب دریاچه ارومیه) به امیرخان حکمرانی وی می توانست قدرت صفویه را در شمال غرب به خطر اندازد. در نتیجه پس از یک محاصره شدید و طولانی به رهبری حاتم بیگ وزیر اعظم صفوی از نوامبر ۱۶۰۹ تا تابستان ۱۶۱۰ دمدم تسخیر شد و همه محافظان آن قتل‌عام شدند.

شاه عباس در برادوست و مکری دستور قتل‌عام داد، ایل ترک افشار را دوباره در منطقه ساکن کرد و بسیاری از قبایل کرد را به خراسان کوچانید. این دو گرچه خیلی ضعیفتر شدند باقی ماندند و امرای برادوست دو بار با صفویان در دمدم نبرد کردند. در سال ۱۷۲۹ میلادی، تهماسب‌قلی سپهسالار (نادرشاه)، پس از غلبه بر یوسف پاشا حاکم عثمانی ارومیه دستور داد تا قلعه را ویران کنند.

به نظر می‌رسد نوکیشی تشیع در دوران صفویه، در میان مردم بومی ارومیه مورد اقبال نبوده است تا جایی که امروز کردها و تعدادی روستا هنوز بر مذهب تسنن هستند. نفوذ طریقت تسنن نقش‌بندی را می‌توان از اعدام شیخ محمود ارموی با ۳۰ تا ۴۰ هزار طرفدار دو آتشه به سال ۱۶۳۹م، توسط سلطان مراد عثمانی، دیار بکر دریافت. برای سال ۱۶۵۵م ما گزارش پرجزئیات اولیای چلپی را داریم. او برج و باروی شهر و دیوارهای گچ‌مالی شده آن را توصیف می‌کند و می‌گوید که: «همچون قویی سفید» به نظر می‌آید.

محیط شهر ۱۰ هزار گام، ارتفاع دیوارها ۷۰ ذراع و پهنایشان ۳۰ ذراع، پهنای جوی شهر ۸۰ ذراع

و دور تا دورش ۱۵ هزار ذراع بوده. مشعل‌ها در طول شب دیوارها را روشن می‌کردند. نیروی مستقر در پادگان آن شامل ۴ هزار نفر و ۳۱۰ اسلحه بود. خان ۱۵ هزار سرباز و ۲۰ هزار نوکر یا خدمتکار داشت.

شهر ۶۰ محله، ۶ هزار خانه و ۸ مسجد جامع داشت؛ از آن جمله مسجد اوزون حسن آق‌قویونلو که بنایش توسط پسرش یعقوب به پایان رسید. ۳۰۰ هزار روستایی نیز در ۱۵۰ روستای دشت ارومیه زندگی می‌کردند. اولیای چلپی شهر را «فوق‌العاده باشکوه» توصیف می‌کند و فهرستی از مکان‌های مقدس، مکتب‌ها، مدارس، کافه‌ها و نرخ قیمت‌ها ارائه می‌دهد.

در سده ۱۸ میلادی که سرنوشت ارومیه به سرنوشت افشارهای مستقر در دشت ارومیه گره خورده بود، به رئیسشان عنوان بیگلربیگی (در ترکی به معنی بزرگِ بزرگان) پیدا کرد. روسای آنان به‌طور مکرر با همسایگانشان می‌جنگیدند و حتی گاهی به شرق دریاچه ارومیه نیز لشکرکشی می‌کردند.

عثمانی‌ها طی نبرد ۱۷۲۴م کردهای حکاری را برای دفع افشارها که آذوقه ارتش ایران را تأمین می‌کردند به خدمت گرفتند.

وقتی ترک‌ها در سال ۱۷۲۵م به زمامداری این سرزمین رسیدند، حکومت موروثی طایفه قاسملو افشار را بر ارومیه -با عنوان خان‌های ارومیه به رسمیت شناختند.

نادر مراغه، مهاباد و دیمدم را در سال ۱۷۲۹م از ترک‌ها پس گرفت ولی حکیم اوغلو پاشا علی و رستم پس از جنگی یک ماهه دوباره در سال ۱۷۳۱ ارومیه را اشغال کردند. ارومیه به رئیس ایل "بنیانشین حکاری" واگذار شد. پس از انقراض افشاریان در ۱۷۴۸م، آزادخان یکی از فرماندهان ارتش نادر و فرزند یکی از روسای افغان ابتدا به شهر زور رفته و با کمال استفاده از کشمکش میان افشاریان ارومیه را تصرف کرد. او ارومیه را با رضایت فتح‌علی خان گرفت.

ارومیه به پایتخت امیرنشین زودگذر آزاد خان تبدیل شد. نام کوه اوغان داغی در شمال ارومیه ظاهرا از اسم این حاکم افغان به یادگار مانده است. محمدحسن‌خان قاجار در سال ۱۷۵۵- ۶م آزاد را در گیلان شکست داده، ارومیه را تصرف کرد. فتح علی خان افشار به محمد حسن خان پیوست.

با مرگ او علی‌خان افشار دوباره به صحنه برگشت و علاوه از ارومیه، بر مراغه و تبریز نیز مستولی شد. کریم خان زند ارومیه را در زمستان ۱۱۷۳م محاصره کرد.

ارومیه پس از چند ماه محاصره تصرف و تا سال بعد آذربایجان جزئی از قلمرو کریم خان شد. پس از پایان سلسله زندیه، افشارهای ارومیه به همراه شقاقی‌های سراب و دنبلی‌های خوی، ائتلافی علیه قاجاریان تشکیل دادند که موفقیتی در پی نداشت.

فتحعلی‌شاه قاجار به محمد علی خان اجازه داد تا هنگام مرگ بر ارومیه حکومت داشته باشد. او با خواهر حسین قلی خان افشار ازدواج کرد. پسرانش نخستین حاکمان ارومیه بودند که از طرف حکومت مرکزی منصوب می‌شدند. سربازان روس طی جنگ ایران و روسیه، در سال ۱۸۲۸م ارومیه را چند ماه اشغال کردند.

در نبود حاکم شهر -شاهزاده ملک میرزا قاسم- بیگلربیگی نجف قلی خان افشار بر ارومیه حکم می‌راند. پس از درماندگی روسیه به دلیل شکست‌های پی‌درپی در جبهه شرق دور ژاپن، عثمانی در اوت ۱۹۰۶ منطقه ارومیه (به جز شهر ارومیه) را به بهانه اختلافات مرزی با توجه به اینکه هیچگاه مرز ایران و عثمانی مشخص نبود اشغال کرد.

سربازان عثمانی با شروع جنگ بالکان به آنجا فراخوانده شدند. پس از درگیری‌های تبریز، در دسامبر ۱۹۱۱م سربازان روس ارومیه را اشغال کردند.

در طی جنگ جهانی اول ارومیه چندین نوبت دست به دست گشت. پس از فروپاشی ارتش روسیه در سال ۱۹۱۷م، مسئولیت حقیقی اداره امور در شهر به دست شورای مسیحیان آسوری (موتاوا) سپرده شد.

پس از یک سلسله رویدادهای پی‌درپی غم‌انگیز و وقایع خونینی چون کشتار مسلمانان ارومیه به دست مسیحیان در ۲۲ فوریه ۱۹۱۸، ترور مطران مارشیمون به دست کردهای طرفدار سمکو در ۲۲ فوریه، رسیدن ۲۰ هزار ارمنی پناهجو از وان، جنگ‌های بین آسوری‌ها و ترک‌ها در نتیجه همه‌ی جمعیت آسوریان در جلگه ارومیه جمع شدند. این جمعیت ۵۰ تا ۷۰ هزار نفری از آسوریان به سوی جنوب حرکت کردند تا تحت‌الحمایه بریتانیا قرار گیرند. این مهاجرت دسته‌جمعی به همراه زنان، کودکان و رمه‌ها از طریق صائین قلعه و همدان، در میان نبرد با ترک‌ها و کردها صورت گرفت. پناهجویان در بعقوبه در نزدیکی شمال بغداد اسکان یافتند.

پس از رفتن آسوریان، سونتاگ، عالی‌جناب اسقف کاتولیک واچ فلاومر، مبلغ باپتیست در اوت ۱۹۱۸م در ارومیه به قتل رسیدند. اسماعیل آقا معروف به سمکو شکاک در سال ۱۲۹۹خورشیدی به کمک ارشدالملک شهر ارومیه را گرفت.

پس از رسیدن نیروی ارتش در سال ۱۳۰۱خورشیدی سمکو متواری شد و مدتی بعد کار او پایان گرفت. پس از ویرانی و خالی از سکنه شدن شهر، آرامش بر ارومیه حکم فرما شد. رفته رفته حکومت مرکزی در تهران توانست قدرت خود را در غرب دریاچه ارومیه به دست آورد.

پوشاک زن آذری
Azerbaijani women's clothing

استان آذربایجان باختری

فصل سوم

مردم‌شناسی، فرهنگ، میراث فرهنگی

در دل کوه‌های خاموش راز دو قوم پیداست

عشق بر میهن چه ترک و چه کرد در دل‌ها جاودانه است.

۳-۱ مقدمه

همان‌گونه که در فصل دوم اشاره شد، مردمان آذربایجان باختری ریشه در اقوام کهنی چون اورارتوها، ماناها، کوتی‌ها و آسوری‌ها دارند. هرچند در گذر هزاران سال، تحولات تاریخی، مهاجرت‌ها، جنگ‌ها و شکل‌گیری نظام‌های حکومتی گوناگون، بر ترکیب جمعیتی و فرهنگی این منطقه تأثیر گذاشته است. تمدن و فرهنگ مردمان آذربایجان غربی حاصل همین ریشه‌های کهن و تحولات پی‌درپی بشری است. این استان به‌واسطه تاریخ دیرینه خود، همواره محل سکونت اقوام گوناگون با زبان‌ها و فرهنگ‌های متفاوت بوده و از میراث فرهنگی غنی و متنوعی برخوردار است.

تنوع فرهنگی و تداوم ساختارهای ایلی در برخی نواحی، به‌ویژه در شمال استان، موجب شکل‌گیری آیین‌ها و مراسم ویژه و منحصر به فردی شده است. آذربایجان غربی همچنین در حوزه صنایع‌دستی و خوراکی‌های بومی از جایگاه قابل توجهی برخوردار است؛ محصولاتی چون عسل طبیعی، فرآورده‌های انگور و شیره انگور، بخشی از ظرفیت‌های طبیعی و فرهنگی این منطقه را نشان می‌دهد. در این استان، اقوام آذری، کرد و آسوری، به‌ویژه در مرکز استان، در کنار یکدیگر زیسته‌اند و نمونه‌ای روشن از هم‌زیستی اجتماعی، تعامل فرهنگی و روابط شهروندی را به نمایش گذاشته‌اند. این هم‌زیستی مسالمت‌آمیز، همراه با روحیه پایداری و غنای فرهنگی، از ویژگی‌های شاخص جامعه آذربایجان غربی به‌شمار می‌آید.

۳-۲ اقوام استان آذربایجان باختری

آذربایجان غربی از نظر تنوع قومی، نژادی، زبانی و مذهبی، یکی از غنی‌ترین استان‌های ایران به‌شمار می‌آید و شهر ارومیه در مرکز استان، نماد برجسته این تنوع است. از دوران باستان، اقوامی چون اورارتوها، ماناها، گوتی‌ها و احتمالاً لولوبی‌ها در پیرامون دریاچه ارومیه سکونت داشته‌اند؛ به‌گونه‌ای که اورارتوها بیشتر در شمال و ماناها عمدتاً در جنوب دریاچه می‌زیستند. این ترکیب جمعیتی با دگرگونی‌هایی تا دوره اسلامی ادامه یافت و پس از آن، اقوامی چون آسوری‌ها، ارمنیان، کردها و آذری‌ها در منطقه حضور یافتند.

ترکیب جمعیتی کنونی استان عمدتاً از سه قوم آذری‌زبان، کرد و آسوری تشکیل شده است که تمرکز اصلی آن‌ها در شهر ارومیه دیده می‌شود. شهرهای استان از نظر قومی الگوهای متفاوتی دارند؛ برخی مانند خوی، سلماس، ماکو و میاندوآب عمدتاً ترک‌زبان‌اند، شهرهایی چون مهاباد، بوکان، پیرانشهر و اشنویه بیشتر کردزبان هستند و شهرهایی مانند تکاب، شاهین‌دژ و نقده ترکیب جمعیتی دوگانه دارند. هرچند در گذشته به دلایل تاریخی، قومی و مذهبی گاه میان این گروه‌ها تنش‌هایی وجود داشته، اما از حدود سال ۱۳۰۰ خورشیدی به بعد این درگیری‌ها به‌تدریج کاهش یافته و امروزه تنوع قومی استان بیش از آنکه عامل تعارض باشد، به منبعی برای غنای فرهنگی و هم‌زیستی اجتماعی تبدیل شده است. ارومیه به‌عنوان یکی از شهرهای مهم فرهنگی کشور، نمونه‌ای روشن از این هم‌زیستی و آداب شهروندی به‌شمار می‌آید.

ترک‌زبان‌های آذربایجان باختری جدا از خود آذری‌های ترک‌زبان از ترکان افشار، اصانلوها، ترکان بوربور و شاید تعدادی کمی از اجداد آغوزها و تعدادی هم از ایل قره‌داغ هستند که در دهستان انزل شمالی و جنوبی زندگی می‌کنند.

کردها عمدتاً در جنوب استان آذربایجان غربی و در شهرهای اشنویه، پیرانشهر، سردشت و مهاباد سکونت دارند و در بخش‌هایی از شهرهای تکاب، شاهین‌دژ، نقده و ارومیه نیز حضور پررنگی دارند. در شهرهای شمالی استان مانند پلدشت، ماکو و شوط، جمعیت کردها به‌صورت پراکنده و در میان آذری‌زبانان دیده می‌شود. بر پایه دیدگاه‌های تاریخی، کردها از کهن‌ترین ساکنان این منطقه به‌شمار می‌آیند و ریشه‌های آنان به اقوام باستانی گوتی، مانا، لولوبی و کاسی باز می‌گردد که در گذر زمان با یکدیگر درآمیختند. این اقوام حدود ۲۷۰۰ سال پیش با تشکیل دولت ماد، نخستین دولت فراگیر ایرانی، نقش مهمی در تاریخ غرب ایران ایفا کردند. یکی از اهداف اصلی این دولت، مقابله با تجاوزهای مکرر آسوریان بود که سرانجام در اواخر دوره ماد به فروپاشی کامل آشور انجامید.

زبان کردی از شاخه زبان‌های ایرانیِ-هند-اروپایی و از زبان‌های کهن نواحی غرب ایران است و پیوند نزدیکی با فارسی میانه و اشکانی دارد. این زبان، بسته به گویش‌ها و طایفه‌ها، دارای

زیرشاخه‌های متعددی است. در مقابل، مردمانی که امروزه به زبان ترکی آذری سخن می‌گویند، از ساکنان بومی و کهن آذربایجان هستند که پس از اسلام، در پی تعاملات فرهنگی، مهاجرت‌ها و حاکمیت‌های ترک‌زبان، به‌تدریج زبان ترکی آذری به زبان غالب شمال غرب ایران تبدیل شد:

- **کردی شمال** غرب شامل کرمانجی، بادینی، بایزیدی،جوکانی، شکاکی
- **کردی مرکزی** شامل سورانی، جافی، مکرانی، اردلانی
- **کردی جنوبی** شامل کلهری، ایلامی، لکی(لکی به نظر برخی از گویش‌های لری است و شاید هم گویش بینابینی کردی و لری باشد).

گویش‌ها و زیرشاخه‌های زبان کردی در آذربایجان غربی با جغرافیای تاریخی این استان پیوندی نزدیک دارند. برای نمونه، گویش شکاکی در مناطق ماکو، پلدشت و برخی روستاهای شاهین‌دژ رایج است. در فاصله میان شاهین‌دژ و تکاب نیز گروهی از کردهای موصولینی سکونت دارند که به‌احتمال، ریشه در مهاجرت‌های تاریخی از ناحیه موصل عراق دارند. افزون بر این، گروه کوچکی با نام زعفرانی شناخته می‌شوند که گویش آنان میان کردی و فارسی میانه قرار دارد.

بر پایه مشاهدات میدانی و همنشینی نگارنده با کردهای مناطق تکاب، شاهین‌دژ، مهاباد و پیرانشهر، به‌ویژه در نواحی روستایی، مردمانی مهمان‌نواز، شاداب و پایبند به آیین‌ها و جشن‌های ایرانی دیده می‌شوند. در پیرانشهر، طایفه‌های پیران و منگور از نظر ویژگی‌های فرهنگی، اصالت ایرانی و روحیه مهمان‌نوازی برجسته‌اند؛ خصیصه‌ای که در میان اقوام این ناحیه به‌گونه‌ای چشمگیر جلوه‌گر است.

۳-۲-۱ ایل‌های استان آذربایجان باختری

در استان آذربایجان غربی، در بین کردها و ترک‌زبان‌ها زندگی ایلی و کوچ‌نشینی هم دیده می‌شود که برخی عبارت‌اند از:

ایل جلالی یکی از بزرگ‌ترین ایلات کرد شمال آذربایجان غربی است که بیشتر در شهرهای ماکو و پلدشت و روستاهای پیرامون آن سکونت دارند. حدود نیمی از جمعیت این ایل همچنان زندگی کوچ‌نشینی دارند. قشلاق ایل جلالی دشت پلدشت و حاشیه رود ارس، در مرز ایران و ترکیه است و ییلاق آنان در دامنه‌های کوهستانی مرزی شمال‌غرب استان قرار دارد. ساختار ایلی در این ایل همچنان پابرجاست و ریاست آن به‌صورت موروثی منتقل می‌شود. ایل جلالی از ایلات مهم شمال کردستان به‌شمار می‌آید.

ایل قره‌پاپاق (کلاه‌سیاه‌ها)در اصل در نواحی مرکزی ایران سکونت داشتند و در دوره صفوی به‌منظور حراست از مرزها به کردستان کوچ داده شدند. در پی تحولات سیاسی ایران و روسیه و جدایی گرجستان، بخشی از این ایل به آذربایجان بازگشتند و به دستور عباس‌میرزا در نواحی

اطراف نقده اسکان یافتند. نام این ایل برگرفته از کلاه سیاه‌رنگی است که از پوست بره تهیه می‌شد. قره‌پاپاق‌ها به دلاوری، توان رزمی و وطن‌دوستی شهرت داشتند و در جنگ‌های ایران و روس نقش مؤثری ایفا کردند؛ ازاین‌رو بخشی از اراضی منطقه نقده به آنان واگذار شد.

عشایر ایل میلان عشایر ایل میلان خود را منسوب به شخصی به نام «میل» یا «میلی» می‌دانند. بخشی از این ایل در دوره نادرشاه برای حفاظت از مرزهای شرقی به خراسان کوچانده شدند و امروزه بازماندگان آنان در خراسان شمالی و جنوبی زندگی می‌کنند. ییلاق ایل میلان دشت چالدران و قشلاق آن‌ها سواحل رود ارس است. بر پایه آمار رسمی، تعداد خانوارهای این ایل از ۲۰۳۰ خانوار در سال ۱۳۴۲ به ۱۳۸۷ خانوار در سال ۱۳۶۴ کاهش یافته که نشان‌دهنده گرایش تدریجی به یکجانشینی است. ریاست ایل به‌صورت موروثی منتقل می‌شود.

ایل میلان به دو شاخه بزرگ تقسیم می‌شود:

شاخه میلان شامل طوایف: شیخ‌گانلو، دودگانلو، ممکانلو، مندوله‌کانلو و سارمانلو

شاخه ضکانی شامل طوایف: دلابی، کچلانلو، امویی، قوردویی، مرویی، گلی‌کانلو و خوزویی (خزایی)

مردمان این ایل به شجاعت، مهارت در تیراندازی و مرزداری شهره‌اند. مشارکت برخی زنان ایل در پشتیبانی جنگ‌های ایران و عثمانی در دوره شاه‌طهماسب اول از نکات قابل توجه تاریخ این ایل است. سوگندهای رایج آن‌ها، از جمله قسم به نور، خورشید و طلاق زن، ریشه در باورهای کهن مهرپرستانه دارد. جشن‌های ملی مانند نوروز، اعیاد مذهبی و آیین‌های عروسی و ختنه‌سوران با شکوه خاصی برگزار می‌شود. صنایع‌دستی، پوشاک سنتی، جاجیم، گلیم و بافته‌های پشمی از جلوه‌های فرهنگی این ایل است.

ایل کره‌سَنی کردزبان و کردنژاد در نواحی مرزی ایران و ترکیه، عمدتاً در منطقه خوی سکونت دارند. ییلاق آنان آلند و قشلاقشان قطور است. جمعیت ایل حدود ۴۰۰ خانوار برآورد می‌شود و از مرزداران شجاع، ساده‌زیست و سخت‌کوش به‌شمار می‌آیند. از ویژگی‌های شاخص این ایل، جایگاه ویژه دختران در خانواده است؛ به‌گونه‌ای که برای تولد نوزاد جشن می‌گیرند و آیین ختنه‌سوران در میان آنان بسیار مفصل برگزار می‌شود.

ایل ممکان‌لو در نواحی مرزی ایران و ترکیه زندگی می‌کند و عمدتاً به دامداری اشتغال دارد. ییلاق آنان آلند و قشلاقشان قطور است. مراسم جشن، به‌ویژه عروسی‌ها، با شکوه فراوان برگزار می‌شود. هنگام آوردن عروس به خانه داماد، آیین‌هایی چون اسب‌سواری، رقص و پایکوبی (و در گذشته تیراندازی) اجرا می‌شده است.

در کنار این ایل، طوایف کوچکی با ریشه در سلیمانیه عراق و نیز ایل زیلان با خاستگاهی در

دره‌ای نزدیک مرز ایران و ترکیه در استان حضور دارند که جمعیت آن‌ها اندک است.

ایل شکاک در شمال‌غرب ارومیه و در روستاهایی چون چهریق، شپیران، شنتال، گردابان، کره‌سنی و مرحمت‌آباد سکونت دارد و به‌صورت پراکنده در مناطقی مانند شاهین‌دژ نیز دیده می‌شود. واژه «شکاک» از ترکیب «شاه» به‌معنای بزرگ و «کاک» به‌معنای مرد یا پدر دانسته شده است.

نکات کلی درباره ایل‌های استان:

۱. جمعیت کوچ‌نشین ایل‌ها به‌شدت کاهش یافته و بیشتر آنان به یکجانشینی در روستاها و شهرها روی آورده‌اند.

۲. پوشاک سنتی ایلی تا حد زیادی از رواج افتاده است.

۳.آیین‌ها و جشن‌های محلی کمرنگ‌تر و یکنواخت‌تر شده‌اند.

۴. محدوده‌های سنتی سکونت ایل‌ها دچار تغییر شده و پراکندگی جمعیتی بیشتری مشاهده می‌شود.

شکل ۳-۱. نمایی از عشایر دشت وزینه، سردشت، (مهرداد سرهنگی).

۳-۳ زبان و گویش‌های آذربایجان باختری

در استان آذربایجان باختری زبان‌های ترکی، کردی و آسوری زبان‌های اصلی‌اند. در شهر ارومیه هر سه زبان رواج دارند هر چند که اکثریت ترک‌زبانان هستند. جمعیت کردهای ارومیه هم قابل‌توجه است و شماری از مسیحیان ارومیه که آسوری هستند زبان آسوری دارند، هر چند زبان رسمی و اداری فارسی است.

شکل ۳-۲. نمایی از درخت کریسمس اقوام مسیحی آسوری، (منیژه اسدپور).

۴-۳ پوشش محلی استان آذربایجان باختری

لباس اقوام آذری در آذربایجان غربی مشابه لباس مردم استان آذربایجان شرقی است و در بیشتر مناطق کشور نیز به‌عنوان لباس رسمی رایج است. اما کردها پوششی متفاوت دارند.

پوشش مردان کرد شامل پیراهن‌هایی از پارچه کتانی است که به‌صورت قیف دوخته شده و دور مچ بسته می‌شود. شلوارهای کردی گشاد بوده و در مچ پا تنگ می‌شوند. مردان کرد شال‌هایی به دور کمر می‌بندند و به جای کلاه، دستاری به سر می‌کنند که به زبان کردی «سه ربین» نامیده می‌شود.

زنان کرد شلوارهای مخصوص قوم خود دارند که از رنگ‌های زیبا و متنوع تهیه می‌شوند. آن‌ها جلیقه و پیراهن می‌پوشند و پارچه‌ای سیاه و ابریشمی به طول حدود دو متر و عرض نیم متر را بیرون از خانه به سر می‌اندازند (شکل ۳-۳ تا ۳-۶).

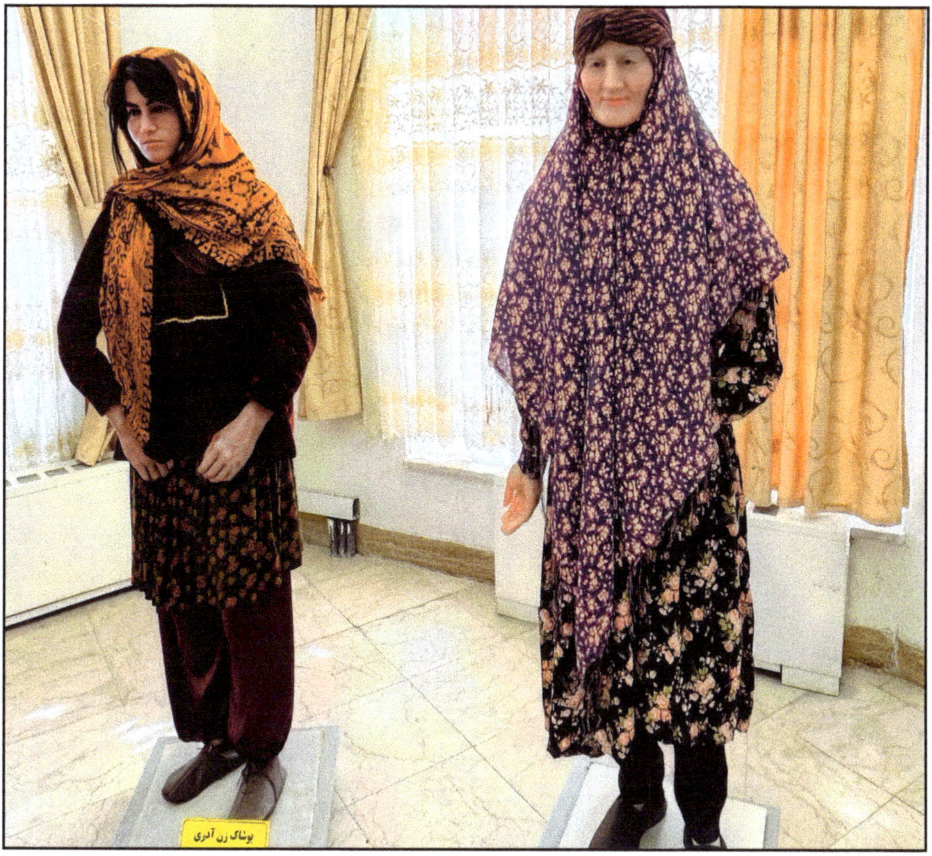

شکل ۳-۳. نمایی از پوشش محلی روستایی در آذربایجان غربی، (موزه مردم شناسی ارومیه)، (سمانه همتی).

شکل ۳-۴. نمایی از مجسمه‌هایی از شادی بانوان کرد در مسیر مهاباد به غار سهولان، (منیژه اسد پور).

شکل ۳-۵. نمایی از پوشش محلی یک خانم کرد شکاکی، (منیژه اسدپور).

شکل ۳-۶. نمایی از پوشش محلی یک خانم آذری، (سمانه همتی).

۳-۵ صنایع دستی استان آذربایجان باختری

استان آذربایجان غربی به‌طور کلی به دلیل صنایع دستی خود شناخته می‌شود، از جمله گلیم‌بافی، قالی‌بافی، جاجیم‌بافی و تولید انواع فرش. همچنین سوزن‌دوزی‌های سنتی که به «رودوزی» یا «ممقان دوزی» مشهورند، از هنرهای شاخص این استان به‌شمار می‌آیند. منبت‌کاری روی اشیایی مانند شطرنج و جعبه، و رنگرزی با قلم‌مو یا شابلون به شکل طرح‌های سنتی و زیبا نیز از دیگر صنایع هنری آذربایجان غربی هستند (شکل۳-۷ و ۳-۸).

شکل۳-۷. نمایی از سوزن‌دوزی، (سمانه همتی).

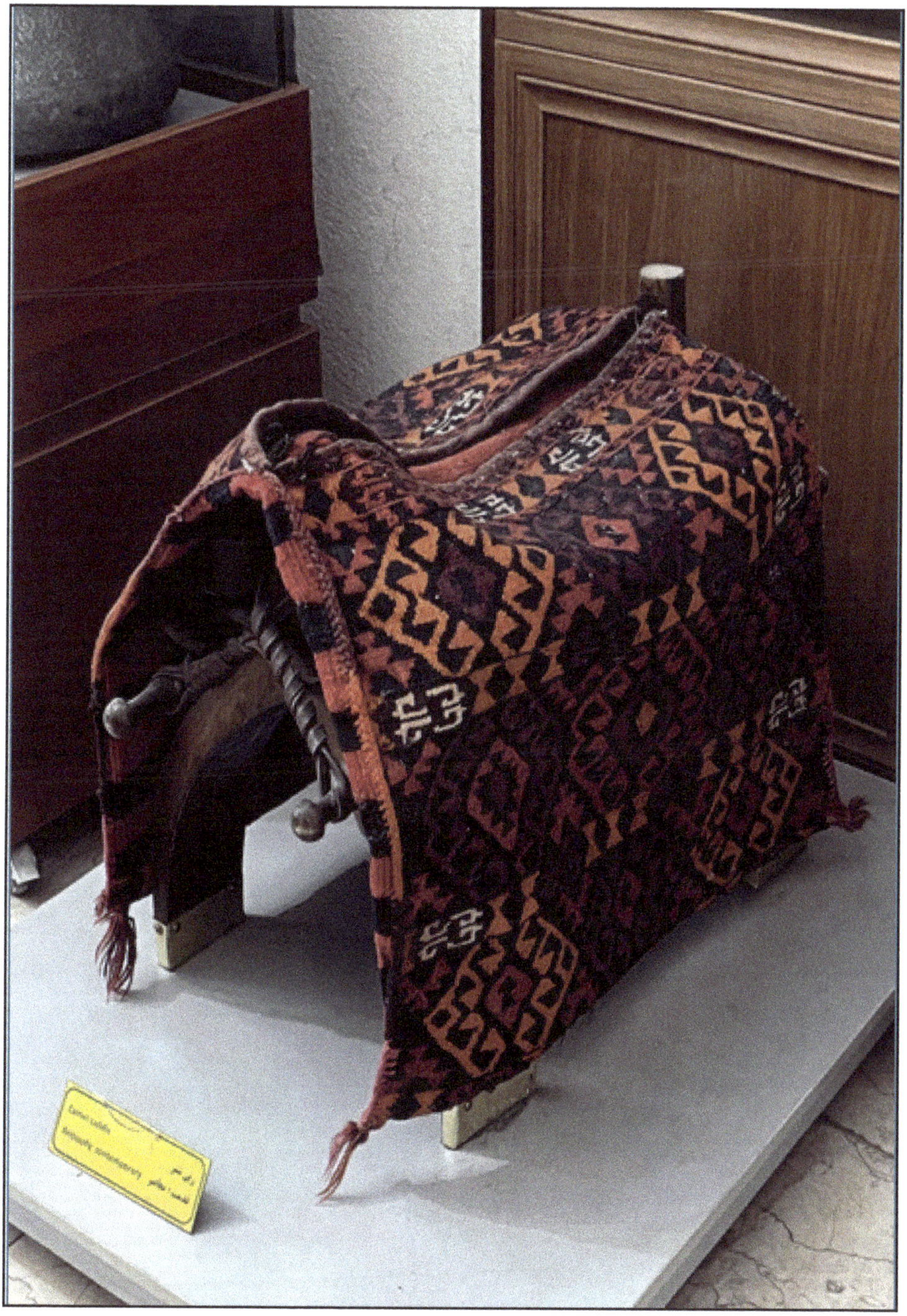

شکل ۳-۸. خورجین دستبافت، (موزه مردم‌شناسی ارومیه)، (سمانه همتی).

مهمترین محل بافت فرش در آذربایجان غربی در منطقه تکاب می‌باشد، که گاه با فرش ناحیه بیجار یکی گرفته می‌شود و به فرش گروس یا افشار[1] معروف هستند (شکل ۳-۹).

شکل ۳-۹. نمایی از فرش دستی ناحیه تکاب، (سایت شیپور)

۳-۶ جشن‌های محلی در استان آذربایجان باختری

استان آذربایجان باختری جدا از جشن‌های ملی و سراسری مانند جشن نوروز، شب چله، چهارشنبه سوری، جشن سده، مهرگان، تیرگان و ... که برای تمام اقوام ایران مشترک است (هرچند که برخی از این جشن‌های ملی بنابر شرایط فعلی بسیار کمرنگ شده و یا برگزار نمی‌شوند)، دارای جشن‌ها و مراسمات مختص به اقوام ساکن استان نیز می‌باشد. هر یک از اقوام استان آذربایجان باختری یعنی ترک زبان‌ها، کرد زبان‌ها و آسوریان برای خود مراسم ویژه و جشن‌های خاصی دارند که با فرهنگ محلی آنها برگزار می‌شود. البته برگزاری جشن‌های ملی نیز در میان اقوام مختلف استان تا حدودی متفاوت است. در این بخش به برخی از جشن‌های ویژه اقوام ساکن در استان آذربایجان باختری اشاره می‌کنیم.

1. فرش افشار تکاب با فرش افشار کرمان متفاوت است.

جشن انگور یکی از مراسم‌ها و جشن‌های بسیار دیدنی در آذربایجان باختری است. این جشن قدمت چند هزارساله دارد و به همه مردم آذربایجان باختری تعلق دارد. در گذشته نه چندان دور ارومیه و شهرهایی مانند میاندوآب، مهاباد و ... دارای باغ‌های فراوان انگور بودند (هرچند که پس از انقلاب اسلامی شوربختانه اغلب باغ‌های انگور در نتیجه یک سیاست نادرست به باغ‌های سیب تبدیل شده‌اند).

جشن انگور در میان مردم ارومیه وپیرامون

بیشتر در میان مردم ارومیه گرفته می‌شود. قدمت این جشن که به چند هزار سال قبل برمیگردد. این مراسم باشکوه توام با رقص و آوازهای آذربایجانی همراه است. این جشن معمولاً در اواخر شهریورماه که انگورها کاملاً می‌رسند برگزار می‌شود و آئین‌ها، سنت‌ها و رسم و رسوم مخصوص خودش را دارد البته مراسم و مکان‌های برگذاری تا حدودی بین اقوام متفاوت است. برگذاری این جشن از سحرگاهان، مردمان در روستاها و در ساحل دریاچه ارومیه و در میان باغ‌های انگور وسیع و پربرکت این شهر دسته دسته برای برگزاری این مراسم کنار هم اطراف سبدهای انواع انگور خود اجتماع می‌کردند. در این جشن‌ها آنچه به‌طور مشخص دیده می‌شود حضور همه افراد با سن‌های مختلف به‌خصوص جوانان و بچه‌ها می‌باشد که به شادی به رسم معمول خود همراه با پایکوبی، رقص، آواز و سرود همراه است.

۳-۷ غذاهای محلی استان آذربایجان باختری

استان آذربایجان باختری از نظر مواد خوراکی و هنر آشپزی، از سه دیدگاه مهم قابل توجه است که هر یک بر تنوع و غنای غذاهای محلی این منطقه تأثیرگذار بوده‌اند. نخست، گستره و تنوع مواد خوراکی گیاهی و دامی است که در این استان به‌دست می‌آید. دوم، تنوع اقوام و دستان هنرمند زنان این دیار، شامل کُرد، تُرک، آسوری و ارمنی، که هر یک با ذوق و خلاقیت خود در پخت‌وپز، به شکل‌گیری غذاهای متنوع و خوش‌طعم کمک کرده‌اند. سوم، هم‌جواری استان با دو منطقه و کشور خارجی، یعنی ترکیه و اقلیم کردستان، که موجب تأثیرپذیری متقابل فرهنگی و غذایی شده است. افزون بر این موارد، می‌توان به جشن‌ها و آیین‌های ملی، منطقه‌ای و قومی اشاره کرد که هر یک با غذاهای خاص و آیینی همراه هستند.

غذاهای بومی و سنتی در بستری فرهنگی شکل می‌گیرند و شیوه طبخ آن‌ها برخاسته از شرایط جغرافیایی، تاریخی و طبیعی هر منطقه است. این غذاها، همانند دیگر عناصر فرهنگی، بازتاب‌دهنده هویت قومی، نژادی و ملی مردم آن ناحیه‌اند. از جمله غذاهای معروف و سنتی استان می‌توان به «کوفته شورباسی» (کوفته)، «یاپراق دولماسی» (دلمه برگ مو)، «کلم دولماسی» (دلمه کلم)، «آبگوشت»، «آش دوغ»، «یارما شورباسی» و «گیزاتما» اشاره کرد.

۳-۷-۱ غذاهای آذری آذربایجان باختری

اقوام آذری غذاهای پرحجم و معطر با برنج و سبزی را ترجیح می‌دهند.

خورش کنگر از کنگر تازه که در فصل بهار به ۲ورت خودرو در دشت‌ها می‌روید تهیه می‌شود. مواد لازم برای تهیه این غذا کنگر، گوشت، پیاز، آرد ذرت و لیموترش می‌باشد.

دلمه برگ مو یکی از غذاهای سنتی و خوش‌طعم آذربایجان است که معمولاً در فصل بهار و هم‌زمان با رویش برگ‌های تازه درخت مو تهیه می‌شود. البته در زمان‌های دیگر نیز می‌توان برگ مو را با روش‌های نگهداری در محیط‌های خنک ذخیره کرد و در فصل‌های مختلف سال از آن استفاده نمود.

مواد لازم برای تهیه این غذای سنتی شامل لپه، برنج، بلغور، رب، پیازداغ و گوشت چرخ‌کرده است و بسته به ذائقه، مواد دیگری نیز ممکن است به آن افزوده شود. افزون بر دلمه برگ مو، انواع دیگری از دلمه نیز در این منطقه تهیه می‌شود، از جمله دلمه بادمجان، دلمه کلم و دلمه فلفل که هر یک جایگاه ویژه‌ای در سفره غذایی مردم آذربایجان دارند (شکل ۳-۱۰).

شکل ۳-۱۰. نمایی از دلمه برگ مو (خبر گزاری تسنیم).

کوفته مرغ یکی از غذاهای سنتی و محلی استان آذربایجان غربی است که با ادویه‌های خاص و شیوه‌ای ویژه طبخ می‌شود. در تهیه این نوع کوفته، علاوه بر گوشت مرغ، از موادی همچون لپه، ادویه، تخم‌مرغ، سبزی تازه، گردو، پیازداغ و آرد استفاده می‌شود. کوفته مرغ طعمی بسیار مطلوب دارد و از غذاهای پرطرفدار محلی به‌شمار می‌آید. این غذا از نظر شکل و شیوه پخت، شباهتی به کوفته تبریزی دارد که از غذاهای معروف آذربایجان شرقی محسوب می‌شود (شکل ۳-۱۱).

شکل ۳-۱۱. نمایی از کوفته مرغ غذای سنتی ارومیه.

آبگوشت به‌طور کلی یکی از غذاهای سنتی و رایج در سراسر ایران است، اما در مناطق باختر و شمال باختر کشور، به‌ویژه در آذربایجان، جایگاهی ویژه دارد. این غذای محبوب و بی‌نظیر در میان همه اقوام، به‌خصوص در شهر ارومیه، دارای هویت محلی مشخصی است؛ به‌گونه‌ای که در بسیاری از شهرهای استان، مکان‌ها و نام‌های شناخته‌شده‌ای برای پخت و عرضه آن وجود دارد. طبخ آبگوشت در ظروف سنتی نیز اهمیت خاصی داشته و بخشی از فرهنگ غذایی منطقه به‌شمار می‌رود.

آش دوغ یکی از آش‌های سنتی و خوش‌طعم شمال باختر ایران است که به‌ویژه در میان مردم ارومیه و اردبیل رواج دارد. این آش به شیوه‌های مختلفی تهیه می‌شود؛ در برخی دستورها از گوشت قلقلی استفاده می‌شود و در برخی دیگر، بدون گوشت پخته می‌شود. نوع بدون گوشت آش دوغ ارومیه، غذایی ساده و سبک است.

مواد اصلی مورد استفاده در آش دوغ ارومیه شامل نخود پخته، آب، آرد گندم، نمک و فلفل سیاه به میزان لازم و سبزی آش است. سبزی‌های مورد استفاده معمولاً اسفناج یا برگ چغندر و همچنین سبزی‌های معطر مانند جعفری، گشنیز، شوید و ریحان هستند که

بسته به ذوق و سلیقه آشپزان و بانوان محلی، با نسبت‌های متفاوت و در زمان مناسب به آش افزوده می‌شوند (شکل ۳-۱۲).

شکل ۳-۱۲. نمایی از آش دوغ یکی از آش‌های سنتی ارومیه.

ارومیه‌خورش یکی از خورش‌های سنتی شهر ارومیه است که شباهت زیادی به خوراک لوبیا چیتی دارد. این غذای لذیذ معمولاً با بادمجان و سیب‌زمینی سرخ‌کرده و به همراه برنج سرو می‌شود. از مواد اصلی آن می‌توان به گوشت خورشتی، لوبیا چیتی، پیاز، رب گوجه‌فرنگی، زعفران، غوره، نمک و فلفل اشاره کرد. طعم ملس و عطر دل‌نشین این خورش، آن را به یکی از غذاهای محبوب منطقه تبدیل کرده است.

گوزلمه غذایی ساده و سریع است که شباهتی به خاگینه دارد و از غذاهای سنتی ارومیه به‌شمار می‌رود. برای تهیه آن، ابتدا سیر له‌شده را با روغن محلی و ادویه‌هایی مانند نمک، فلفل و زردچوبه تفت می‌دهند، سپس تخم‌مرغ را اضافه کرده و در پایان ماست چکیده به آن می‌افزایند (شکل ۳-۱۳).

شکل ۳-۱۳. نمایی از گوزلمه غذایی ساده و سنتی ارومیه.

تورشولی‌آش یکی دیگر از غذاهای محلی آذربایجان غربی و شهر ارومیه است. این آش مقوی با برنج، سبزیجات تازه، نخود پخته، گوجه‌فرنگی و بلغور گندم تهیه می‌شود. برای ایجاد طعمی ملس و دلپذیر، به آن آب‌غوره و شیره افزوده می‌شود. نام دیگر این آش معروف ارومیه‌ای «یرتخلی» است.

سوغات خوراکی آذربایجان باختری

شهر ارومیه دارای چندین سوغات خوراکی منحصربه‌فرد است که در دیگر مناطق ایران کمتر یافت می‌شوند. از نقل‌های معطر و رنگارنگ با طعم‌ها و رنگ‌های متنوع گرفته تا حلوا گردویی، سوجوق، عسل طبیعی تکاب و خشکبار محلی مانند قیسی، هر یک بیانگر ذوق، سلیقه و اصالت فرهنگی این منطقه‌اند و طعمی ویژه و به یادماندنی دارند (شکل ۳-۱۴ تا ۳-۱۷).

شکل ۳-۱۴. نمایی از حلوا سوغات استان آذربایجان باختری، (سمانه همتی).

شکل ۳-۱۵. نمایی از حلوا سوغات استان آذربایجان باختری، (سمانه همتی).

شکل ۳-۱۶. نمایی از حلوای هویج سوغات استان آذربایجان باختری، (سمانه همتی).

شکل ۳-۱۷. نمایی از انواع نقل سوغاتی استان آذربایجان غربی، (سمانه همتی).

۳-۷-۲ غذاهای کردی آذربایجان باختری

غذاهای کردی سنگین، با حبوبات و تره‌جات کوهی هستند و در بوکان و مهاباد پخته می‌شوند.

یکاوه (بوکان) یکی از غذاهای محلی و سنتی کردی می‌باشد که با کشمش، پیاز داغ، گوشت گوساله پخته، گردو و زعفران تهیه می‌شود.

گیپه یکی از غذاهای سنتی کُردی و نوعی سیرابیِ پرشده (دلمه‌ای) است که با گوشت و ادویه‌های محلی تهیه می‌شود. این غذا به دلیل کالری بالا، بیشتر برای شش‌ماهه دوم سال مناسب است و معمولاً به‌عنوان وعده ناهار مصرف می‌شود.

کلدوش از غذاهای محلی کُردیِ ایلات هناره در شمال غرب ارومیه است و در شهرهای اشنویه، مهاباد، پیرانشهر و ارومیه پخته می‌شود. این غذا بسیار مقوی، پرانرژی و خوش‌طعم است، هرچند زمان پخت آن نسبتاً طولانی است (شکل ۳-۱۸).

شکل ۳-۱۸. نمایی از کلدوش غذای محلی کردی در شمال غرب ارومیه.

بریانی کردی یا بریانی کبابی، از خاص‌ترین غذاهای گوشتی منطقه مهاباد و شهرهای کردنشین آذربایجان غربی است. این غذا برخلاف بریانی اصفهانی، به‌صورت نیمه‌پخته و نیمه‌دودی از گوشت تازه و ادویه‌های محلی تهیه می‌شود و معمولاً روی آتش یا در تابه‌های مسی داغ آماده می‌گردد. تکه‌های گوشت بره (و گاهی گوساله) با پیاز، زعفران محلی، فلفل و نمک کوهی مزه‌دار شده و با روغن حیوانی یا کره محلی پخته می‌شوند. نتیجه، طعمی عمیق، اصیل و کاملاً سنتی است.

کلانه نوعی نان محلی است که در روستاهای کردنشین، به‌ویژه در مناطق مهاباد، سردشت و اشنویه تهیه می‌شود و به‌عنوان نماد غذایی طبیعت‌گردی این نواحی شناخته می‌شود. خمیر این نان با پیازچه کوهی و گاه سبزی‌های محلی فصلی ترکیب شده و روی ساج داغ، معمولاً با هیزم، پخته می‌شود.

۳-۷-۳ غذاهای ارمنی آذربایجان باختری

ارمنی‌ها غذاهای گوشتی و سبزی‌دار با چاشنی‌های ترش را دوست دارند.

خاشلاما نوعی غذای محلی و سنتی ارمنی در استان آذربایجان باختری می‌باشد که از گوشت گوسفندی، پیاز، فلفل دلمه، گوجه و سیر تهیه می‌شود.

یارما شورباسی (سوپ بلغور) نوعی سوپ که در استان آذربایجان طبخ می‌شود و

باب میل ارمنی‌های ساکن این استان می‌باشد. این سوپ از بلغور، لوبیا قرمز، نخود، سیب‌زمینی، پیاز، مرزه، گوجه و لیموترش تهیه می‌شود.

گیزاتما نوعی خورش است که از سبزی محلی گیزک، گوشت و پیاز تهیه می شود و خورشی سبک و مناسب فصل تابستان می‌باشد.

۳-۷-۴ غذاهای آسوری آذربایجان باختری

غذاهای آسوری ارومیه اغلب سوپ‌ها و خوراک‌های بلغوری مشترک با مسیحیان محلی هستند و اطلاعات دقیق کم است، اما بر پایه منابع، این‌ها برجسته‌اند.

شورجه که نوعی غذای محلی و کبابی است و طرز تهیه آن سریع است. مواد لازم برای تهیه این غذا جگر، دل و قلوه گوسفندی، پیاز، فلفل و سماق می‌باشد.

چیغیرتمای مرغ مواد لازم برای تهیه این غذای سنتی آسوری مرغ، پیاز، تخم‌مرغ، گوجه، سیب‌زمینی و زردچوبه استو آن را می‌توان با برنج یا نان سرو کرد.

فصل چهارم

شهرها، روستاها و جاذبه‌های دیدنی آن‌ها

۴-۱ مقدمه

استان آذربایجان غربی در نتیجه طبیعت بسیار مناسب و قدمت تاریخی، جغرافیایی مناسب دارای شهرهای زیاد و نزدیک به هم و تقریباً پرجمعیتی است که در کنار طبیعت زیبا دارای بناهای تاریخی و دیدنی هستند. تنوع قومی و زبانی موجود در شهر آذربایجان باختری یک فرهنگ مهمان‌پذیر و مهربان را نسبت به غیربومیان پدید آورده است. با توپوگرافی کوهستانی و وجود دره‌های فراوان و دشت‌های پهن و سرسبز، باغ‌ها و روستاهای زیبا و جذابی دارد که برخی توصیف می‌شوند.

۴-۲ شهرستان ارومیه

شهرستان ارومیه که در مرکز استان آذربایجان باختری واقع شده، با جمعیت ۱,۰۴۰,۵۶۵ نفر بر اساس سرشماری ۱۳۹۵ خورشیدی، پرجمعیت‌ترین شهرستان استان به‌شمار می‌رود. شهر ارومیه در مختصات جغرافیایی ۴۵°۰۴'۴۲" طول خاوری و ۳۷°۳۲'۵۹" عرض شمالی قرار دارد. این شهرستان از شمال به سلماس، از جنوب به اشنویه، از خاور به دریاچه ارومیه و از باختر به کشور ترکیه محدود می‌شود. اقلیم ارومیه در زمستان سرد و در تابستان معتدل است و رودخانه شهرچای از میان آن عبور می‌کند. ارومیه در جلگه‌ای سرسبز و حاصل‌خیز قرار دارد و به همین دلیل باغ‌های فراوان سیب و انگور در آن به‌وجود آمده‌اند. بیشتر جغرافی‌دانان پس از اسلام نیز از ارومیه به‌عنوان شهری با باغ‌های بسیار یاد کرده‌اند.

در ۳۰ تا ۴۰ سال گذشته، توسعه باغ‌های سیب به‌جای باغ‌های انگور متأسفانه در خشکی دریاچه ارومیه تأثیر داشته است، زیرا درختان سیب نیاز آبی بیشتری نسبت به تاکستان‌ها دارند (شکل ۴-۱).

شکل ۴-۱. دورنمایی از ارومیه از پارک شیخ تپه.

جمعیت شهر ارومیه شامل آذری‌ها، کردها و آسوری‌هاست که تنوع فرهنگی هر یک در مجموع بر غنای فرهنگی جامعه افزوده و از این‌رو ارومیه را می‌توان شهری چندفرهنگی با ویژگی‌های بالای شهروندی دانست که همین امر بر جذابیت گردشگری آن نیز تأثیر گذاشته است. ارومیه شهری مدرن با ساختمان‌ها و خانه‌های زیبا و گران‌قیمت است و در مسیر بند ارومیه نیز خانه‌های ویلایی و غیر ویلایی چشمگیری ساخته شده است. از جاذبه‌های گردشگری آن می‌توان به بازار ارومیه، ساختمان شهربانی، مسجد جامع، مدرسه ۲۲ بهمن، مقبره سه‌گنبد، کلیسای ننه‌مریم، خانه انصاری، کلیسای مارسرگیز، قلعه کاظم‌داشی، مجموعه تاریخی بردوک، پل باراندوز، پارک شیخ‌تپه و روستای بند اشاره کرد؛ همچنین موزه ارومیه، پارک‌های زیبا (به‌ویژه شیخ‌تپه)، مجموعه رستوران‌ها در طبیعت سبز اطراف شهر و دریاچه ارومیه، سد شهرچای و ده‌ها جاذبه دیگر در مرکز و حومه شهر، بر اهمیت گردشگری ارومیه افزوده‌اند.

بازار ارومیه در میان بافت تاریخی شهر قرارگرفته است. قدمت آن به دوره‌های سلجوقیان تا قاجاریه می‌رسد. برخی ساخت اولیه را به دوران صفویه نسبت داده‌اند. به نظر در دوره سلجوقی بازارهای کوچکی وجود داشته است که توسعه تدریجی آن تا زمان زند و قاجار ادامه یافت. این بازار در سال ۱۳۶۲ خورشیدی در فهرست ۲۹ آثار ملی قرارگرفته است (شکل ۴-۲).

شکل۴-۲. نمایی از بازار قدیمی ارومیه (سمانه همتی).

بازار ارومیه دارای هفت تیمچه و سرای بزرگ، گنجه، حمام قدیمی و یک مسجد، ۱۰۰۰ دکان با تنوعی از اجناس متفاوت در ۶۰ هزار مترمربع وسعت است (شکل ۴-۳).

شکل ۴-۳. نمایی از بازار قدیمی ارومیه، (سمانه همتی).

موزه مردم‌شناسی ارومیه که قدمت آن به دوره پهلوی می‌رسد، در ضلع خاوری میدان ایالت واقع شده است. این ساختمان در گذشته محل نظمیه بوده و امروزه با تغییر کاربری به‌عنوان موزه مردم‌شناسی مورد استفاده قرار می‌گیرد. در این موزه مجموعه‌ای از آثار تاریخی استان، همراه با نمونه‌هایی از فعالیت‌های هنری و صنایع‌دستی محلی به نمایش درآمده است (شکل ۴-۴ و ۴-۵).

شکل ۴-۴. نمایی از مشک سفالی در موزه بزرگ مردم‌شناسی ارومیه، (سمانه همتی).

ساختمان شهرداری ارومیه که قدمت آن به دوره پهلوی اول می‌رسد، در نزدیکی میدان ایالت قرار دارد. این بنا همراه با ساختمان شهربانی توسط متخصصان آلمانی طراحی و به دست معماران چیره‌دست آن زمان ساخته شده است (شکل ۴-۵).

شکل ۴-۵. نمایی از ساختمان شهرداری و موزه بزرگ مردم‌شناسی ارومیه، (سمانه همتی).

مسجد جامع ارومیه نیز در ضلع جنوب خاوری بازار قرار گرفته و دارای بخش‌هایی همچون گنبدخانه، محراب، شبستان و حجرات است. گنبدخانه این مسجد به دوره سلجوقیان، محراب آن به دوره ایلخانان، شبستان به دوره صفویه و حجرات مسجد به دوره زندیه تعلق دارد (شکل ۴-۶ تا ۴-۸).

شکل ۴-۶. نمایی از مسجد جامع ارومیه.

شکل ۴-۶. نمایی از مسجد جامع ارومیه.

شکل ۴-۶. نمایی از مسجد جامع ارومیه.

مدرسه ۲۲ بهمن در خیابان امام شهر ارومیه واقع شده است. قدمت این مدرسه به دوره پهلوی اول می‌رسد و نام آن دبیرستان رضاه‌شاه کبیر بوده که بعد از انقلاب به مدرسه ۲۲ بهمن تغییر کاربری داده است (شکل ۴-۹).

شکل ۴-۹. نمایی از مدرسه تاریخی ۲۲ بهمن ارومیه، (وبگاه ۱).

مقبره سه گنبد در دوره سلجوقیان ساخته‌شده است. مهم‌ترین بخش آن برج نمای شمالی آن است که دارای دو قاب تزیینی سنگی حاوی مقرنس، گره‌بندی و کتیبه کوفی است. این ساختمان که مشخص نیست چه کاربردی داشته درگذشته اغلب دیوارهایش تزئین شده بود که اینک بازسازی‌شده است (شکل ۴-۱۰ و ۴-۱۱).

شکل ۴-۱۰. نمایی از مقبره سه گنبد، (وبگاه ۳).

شکل ۴-۱۱. نمایی از داخلی مقبره سه گنبد.

کلیسای ننه مریم قدمت آن به دوره ساسانیان می‌رسد و در خیابان خیام ارومیه واقع شده است. امروزه کلیسای شرق آشور نام گرفته است (شکل ۴-۱۲).

شکل ۴-۱۲. نمایی از کلیسای ننه مریم.

خانه انصاری که قدمتش به دوره قاجاریه می‌رسد در میدان گل اوستی قرار دارد. این بنا ساختمانی زیبا دارد و امروزه به‌عنوان کانون بازنشستگان آموزش‌وپرورش مورداستفاده قرار می‌گیرد. این ساختمان تزئیناتی دارد که بازسازی هم نشده است (شکل ۴-۱۳ و ۴-۱۴).

شکل ۴-۱۳. نمایی از خانه انصاری.

شکل ۴-۱۴. نمایی از از داخل خانه انصاری.

کلیسای مارسرگیز ارومیه در دامنه کوه سیر در فاصله حدود ۵ کیلومتری جنوب شهرستان ارومیه و در نزدیکی تفرجگاه بند قرارگرفته است. قدمت آن به دوره ساسانیان می‌رسد (شکل ۴-۱۵).

شکل ۴-۱۵. نمایی از کلیسای مارسرگیز ارومیه، (وبگاه ۴).

قلعه کاظم داشی یک پدیده طبیعی است که در فاصله ۶۵ کیلومتری شمال‌خاوری شهر ارومیه قرار گرفته است. آثار تاریخی آن به هزاره اول پیش از میلاد و دوران ایلخانان بازمی‌گردد. این قلعه زمانی که آب دریاچه ارومیه کاهش نیافته بود، به‌صورت شبه‌جزیره‌ای در حاشیه دریاچه واقع شده بود و در جنگ جهانی اول پناهگاه اصلی روستاییان محسوب می‌شد. کاظم‌خان، از اهالی قوشچی و فرمانده محافظ روستاییان اطراف، سبب شد که نام قلعه به نام او ثبت شود. به روایت مورخان اسلامی، هلاکوخان خزائن نفیس خود را در این قلعه پنهان می‌کرده است (شکل ۴-۱۶ و ۴-۱۷).

شکل ۴-۱۶. نمایی از قلعه کاظم داشی.

شکل ۴-۱۷. نمایی دیگر از قلعه کاظم داشی، (منیژه اسدپور).

مجموعه تاریخی بردوک در شمال باختری شهر ارومیه قرارگرفته است. قدمت آن به دوره صفویه می‌رسد و شامل قلعه، مقبره، مسجد و قبرستان است این مجموعه در دوران صفویه در مقابل حملات عثمانی‌ها به‌عنوان پادگان نظامی استفاده می‌شده است (شکل ۴-۱۸ تا ۴-۲۰).

شکل ۴-۱۸. نمایی از قلعه بردوک در ارتفاعات، (مهرداد سرهنگی).

شکل ۴-۱۹. نمایی از قلعه تاریخی بردوک، (وبگاه ۳).

شکل ۴-۲۰. نمایی نزدیک از قلعه تاریخی بردوک، (وبگاه ۳).

پل باراندوز که قدمتش به دوره قاجاریه می‌رسد در روستای باراندوز در شهرستان ارومیه قرار دارد که بر روی رودخانه باراندوز احداث شده است و دارای شش دهانه قوسی شکل و پنج‌پایه آجری با موج‌شکن‌های سنگی است (شکل ۴-۲).

شکل ۴-۲۱. نمایی از پل باراندوز، (وبگاه ۲).

روستای بند ارومیه یکی از تفرجگاه‌های زیبای شهر ارومیه و در فاصله ۳ کیلومتری جنوب باختری آن قرارگرفته است. روستای بند ارومیه و مسیر آن پوشیده از باغ‌ها و کوهستان، با رستوران‌های بسیار متنوع، دارای تفرجگاه‌هایی در حاشیه رودخانه شهر چای و دریاچه پشت سد شهر چای و ادامه آن کنار سد است. در ابتدای مسیر این روستا خانه‌های زیبا و اعیانی ساخته شده است (شکل ۴-۲۲).

شکل ۴-۲۲. نمایی از روستای گردشگری بند ارومیه، (وبگاه ۴).

۴-۳ شهرستان سلماس

شهرستان سلماس در مرکز استان آذربایجان باختری قرار دارد. نام آن پیش از انقلاب اسلامی ۱۳۵۷ شاهپور و نام قدیمی‌اش قبل از وقوع زلزله سهمگین به سال ۱۳۰۹ خورشیدی سلماس بوده است. جمعیت این شهرستان ۱۹۶۵۴۶ نفر و مرکز آن شهر سلماس است (بر اساس آمار سال ۱۳۹۵ خورشیدی). شهرستان سلماس از شمال به شهرستان خوی، از جنوب به ارومیه، از جنوب خاوری به دریاچه ارومیه و از باختر با ترکیه هم‌مرز است. یاقوتی و حمدا.. مستوفی (۶۸۰ تا ۷۵۰ ه.ق) از شهر سلماس و آبادی و باغ‌های آن یادکرده‌اند.

سلماس امروزی در گذشته دور و دراز محل سکونت اقوام کهن ایرانی از جمله آوراتوی‌ها، گوتی و مادها بوده است. محله‌هایی چون تپه بیان و روستای آجواج شواهدی بسیار قدیمی سکونت را در این منطقه نشان می‌دهد. در برخی منابع نام شهر سلماس در زمان هخامنشیان زروند نام داشته است. این شهر از آنجا که در نزدیکی ارمنستان و روم باستان بوده است که برای پادشاهان اشکانی و ساسانی دارای اهمیت بوده است. شهرستان سلماس بسیار زیبا و پر درخت و طبیعت پیرامون آن، بخصوص در مسیر سلماس به ارومیه در چند محل در اردیبهشت‌ماه دارای دشت‌های شقایق بسیار زیبا است. رودخانه زولارود از جنوب آن عبور می‌کند (شکل ۴-۲۳).

شکل ۴-۲۳. نمایی از دشت شقایق (موقعیت جغرافیایی "۲۶ ´۴۸ °۴۴ طول خاوری و "۲۶ ´۱۸ °۳۸ عرض شمالی).

شهر در یک منطقه دشتی از نظر توپوگرافی قرار گرفته و به دو بخش مرکزی و کوهسار تقسیم شده است. مرکز بخش کوهسار روستای کتبان و مرکز بخش مرکزی، شهر سلماس است. از جاذبه‌های گردشگری این شهرستان می‌توان به کتیبه خان‌تختی در نزدیکی سلماس و همچنین پل راه‌آهن قطور که راه ارتباطی ایران با ترکیه است اشاره کرد. نزدیکی سلماس به

شهر وان ترکیه نیز این منطقه را به یکی از مسیرهای مهم سفر زمینی به ترکیه تبدیل کرده است.

کتیبه خان‌تختی در مسیر جاده ارومیه به سلماس، در فاصله ۷۶ کیلومتری و در جوار روستای خان‌تختی بر دامنه کوه پیرچاووش در ارتفاع ۳۰ متری قرار دارد. این کتیبه در دوران ساسانیان حجاری شده است. نقش‌های کنده‌کاری شده تصاویر مردان سوار بر اسبی را نشان می‌دهد که شبیه مردان دوره ساسانی است. برخی اعتقاد دارند مردی که پیشاپیش دو نفر دیگر ایستاده اردشیر پادشاه ساسانی است.

لمان یکی از خاورشناسان باستان‌شناس عقیده دارد این نقش مربوط به شاپور اول پادشاه ساسانی است که در بازگشت از فتح ارمنستان گروهی از ارامنه با استقبال وی هدایایی به او تقدیم کردند. شواهد دیگر هم نشان از کتیبه شاپور اول دارد. نام شهر شاپور که پیش از سال ۵۷ به این شهر داده بودند از همین اثر می‌تواند ناشی شده باشد. این اثر در سال ۱۳۴۸ خورشیدی در فهرست آثار ملی ایران به ثبت رسید. به دلیل بی‌توجهی، آثار فرسایش بر روی کتیبه جدی شده و ترمیم و حفاظت از آن بسیار ضروری است (شکل ۴-۲۴ و ۴-۲۵).

شکل ۴-۲۴. نمایی از کتیبه خان تختی، سل، (منیژه اسدپور).

شکل ۴-۲۵. نمایی از محوطه کتیبه خان تختی، سل، (منیژه اسدپور).

قلعه قارنی یاریخ بر روی کوهی معروف به «سه برادر» (به ترکی: سه قارداش) در جنوب‌غربی سلماس قرار گرفته است. بر پایه یافته‌های باستان‌شناسی، این قلعه احتمالاً همان ارگ حکومتی اوراتویی باشد. کندوکاری‌ها و دخمه‌های موجود در دل کوه نشان‌دهنده قدمت فراوان آن و توانایی انسان‌های دوره پیش‌ازتاریخ در استفاده از ابزار مناسب است. همانند روستای سنگی در نزدیکی ماکو، این نوع کنده‌کاری‌ها در منطقه آذربایجان باختری از نظر سبک و شیوه، به آثار اوراتویی نزدیک است.

خان گولی یا کهنه شهر یکی از ساختارهای آبیاری مربوط به منطقه احتمالاً پیش از ماد منطقه سلماس است که ممکن است مربوط به تمدن اوراتوی باشد. به نظر می‌رسد انتقال آب و زدن کانال و ذخیره آب از فعالیت‌های مردمان اوراتوی بوده است.

آثار و بناهای تاریخی زیادی در شهر سلماس یا پیرامون آن وجود دارد. از جمله چند کلیسا (اهرنجان، هفتوان، مارگیوگیز) (شکل ۴-۲۶)، حمام شیخ که جزو حمام‌های زیبا و مدرن دوره پهلوی اول می‌باشد. تپه تاریخی اهرنجان یا کول تپه که به دوران تاریخ کهن پیش از باستان می‌رسد و دیدبان‌ها و آثار دیگر.

شکل ۴-۲۶. نمایی از کلیسای هفتوان سلماس، (وبگاه ۵).

روستای گردشگری سلماس از اغلب روستاهای سلماس، سرسبز و خوش آب‌وهوا تر می‌باشد. یکی دیگر از روستاهایی که جزو روستاهای گردشگری می‌باشد، روستای ایستی سو است. روستای ایستی سو از جمله زیباترین و دیدنی‌ترین روستاهای منطقه سلماس است. این روستا دارای طبیعت سرسبز و زیبا همراه با چشم‌انداز آب گرم ناشی از آتش‌فشان‌های جوان است. این روستا مابین جاده ارومیه و سلماس قرار دارد.

۴-۴ شهرستان خوی

خوی، با جمعیت ۳۴۸۶۶۴ نفر، پس از ارومیه بزرگ‌ترین شهرستان استان آذربایجان باختری است. مرکز آن شهر خوی با موقعیت جغرافیایی"۱۲ ´۵۷ °۴۴ طول خاوری و"۰۲ ´۳۳ °۳۸ عرض شمالی است (بر اساس آمار سال ۱۳۹۵ خورشیدی). از شمال به شهرستان چایپاره، از جنوب به سلماس و از باختر با ترکیه هم‌مرز است. خوی در زمان دولت ماد به ماد کوچک تعلق داشت و نام آن احتمالاً از واژه نمک به زبان کردی گرفته شده است، چون در پیرامون شهر گنبدهای نمکی (معدن نمک) وجود دارد. شهری قدیمی با زیرساخت‌های خوب طبیعت زیبای پیرامونی خیابان‌های درون‌شهری و جاده‌های برون‌شهری پر درخت و سرسبز دارد که خوی را به شهرهای دیگر وصل می‌کنند. اطراف شهر پر از مزارع آفتابگردان است و از این رو به شهر آفتابگردان مشهور است. از جاذبه‌های گردشگری این شهرستان می‌توان به پل راه‌آهن قطور، مقبره شمس تبریزی، پل خاتون، دروازه سنگی، بازار خوی، مزار پوریای ولی و منطقه شکار ممنوع زرآباد اشاره کرد (شکل ۴-۲۷).

شکل۴-۲۷. نمایی از شهرستان خوی، (مهرداد سرهنگی).

پل راه‌آهن قطور، پل مربوط به راه‌آهن اتصال ایران به ترکیه است. این پل در مسیر خوی به روستای قطور بر روی دره‌ای به ارتفاع ۱۲۷ متر و طول ۴۵۰ متر بنا شده، قطر دهانه آن ۲۳۳ و مسیر ارتباطی ایران و ترکیه است (شکل ۴-۲۸).

شکل ۴-۲۸. نمایی از پل راه‌آهن قطور، خوی (موقعیت جغرافیایی "۵۷ ´۴۵ °۴۴ طول خاوری و "۳۶ ´۲۸ °۳۸ عرض شمالی).

مقبره شمس تبریزی، شیخ شمس‌الدین محمد بن علی بن ملک‌دار تبریزی عالم و فاضل و دانشمند گران‌قدر، از بزرگان عرفان در سال ۵۶۵ خورشیدی در تبریز به دنیا آمد. از پیشروان بزرگ عرفان در قرون ششم و هفتم خورشیدی است که مولوی به سبب تأثیر عظیم شخصیت شمس بر او دیوانش شمس تبریزی نامید.

شمس از معارف اسلامی، عرفان و تصوف، خصایص و احوال و منازل سالکان به‌خوبی آگاهی داشت، از دنیای ظاهری و علایق دنیوی دل کند و جویای حق و حقیقت شد. ابتدا مرید شیخ ابوبکر سله‌باف تبریزی بود که به گفته خود جمله ولایت‌ها از او یافته، لیکن به مرحله‌ای رسید که به پیر خود قانع نشد، به سفر پرداخت و به خدمت چند تن از عارفان بزرگ و قطب‌های آن رسید. برخی او را تربیت یافته باباکمال خجندی می‌دانند. شاعر و عارف قرن هشتم که در خجندزاده در نیریز کمال یافت. او ضمن سیر و سلوک گاهی بدون اجرت مکتب‌داری می‌کرد. چهارده ماه در شهر حلب در حجره مدرسه‌ای به ریاضت مشغول بود و پیوسته نمد سیاه می‌پوشید. در ادامه سیاحت به بغداد رسید و شیخ اوحدالدین کرمانی را، شیخ یکی از خانقاه‌های بغداد را دید. شمس‌الدین به رسوم و حدود شرعی ظاهری بی‌اعتنا بود و به همه پشت پا زد.

او در سال ۶۲۳ خورشیدی به قونیه رسید و همان‌جا با مولوی ملاقات کرد. مولانا مجذوب او شد و یکسره از مجلس درس و بحث و وعظ گذشت. سبک شعرش را تغیر داد و سرودن غزل

در او شکوفا شد و به سرودن اشعار عرفانی پرداخت. یاران مولانا و مردم قونیه با ساحر خواندن شمس قصد جانش کردند. شمس با رنجیدگی در ۶۲۵ خورشیدی آن شهر را ترک کرد. مولانا فرزند و ۲۰ تن از یاران خود را به دنبال شمس به شهرهای حلب و دمشق فرستاد و آن‌ها موفق به بازگرداندن شمس شدند.

ولی پس از مدتی اقامت در قونیه و زندگی همراه مولوی با آزار و اذیت مردم دوباره این شهر را ترک کرد و هیچ‌گاه به قونیه بازنگشت (برای مطالعه بیشتر به کتاب پله‌پله تا ملاقات خدا نوشته عبدالحسین زرین‌کوب رجوع شود).

به تأیید منابع و سفرنامه‌های جهانگردان مختلف از جمله کتاب مجمل فصیحی محمود فرخ، کتاب زندگی و آثار مولانا از استاد فروزان فر، کتاب منشات السلاطین اثر فریدون بیک، کتاب شکوه شمس اثر آنه ماری‌شیمل آرامگاه شمس تبریزی در خوی شناخته شده است. تمام آن‌ها آرامگاه شمس تبریزی را در آذربایجان باختری واقع در شهرستان خوی، در محله‌ای به نام محله شمس در کنار مناره باستانی به نام مناره شمس تبریزی ذکر کرده‌اند. مجمل فصیحی قدیمی‌ترین منبع (۸۲۰ خورشیدی) معتبری است که از در آن دو بار به مقبره شمس تبریزی در خوی اشاره شده است. شمس تبریزی که به‌صورت درویشی ناشناس سفر می‌کرده است در خوی اقامت می‌کند و مریدانی در اطراف خود داشته است که سرانجام در این شهر آرام ابدی می‌گیرد.

شاه اسماعیل که به زیارت قبر عرفا و بزرگان دینی عادت داشته دستور می‌دهد در کنار مقبره شمس تبریزی کاخ و باغی برایش بسازند تا هرگاه از کاخ خود بیرون می‌آید آن قبر را نظاره کند. مقبره شمس تبریزی دارای گنبد و بارگاه و سه مناره بوده که در اثر زلزله سال ۱۲۲۲ خورشیدی دو مناره آن ویران شد.

مناره باقی‌مانده به ارتفاع ۱۴/۵ متر با ۴۳ پله است که با شاخ قوچ (به قولی حاصل شکار شاه اسماعیل صفوی و امرای وی) مزین شده است (شکل ۴-۲۹).

شکل۴-۲۹. نمایی از مناره مقبره شمس تبریزی، خوی.

پل خاتون در جنوب شهر خوی بر روی رودخانه قطور با موقعیت جغرافیایی "۲۶ ´۵۷ °۴۴ طول خاوری و "۴۳ ´۳۰ °۳۸ عرض شمالی و در ابتدای مسیر جاده خوی به سلماس بنا شده است. پل دارای هفت دهانه و از آجر ساخته شده است.

در برخی از منابع تاریخی ساختن پل خاتون را به دستور احمدخان دنبلی ولی برخی ساختن آن را به یعقوب آق‌قویونلو در سال ۸۵۷ خورشیدی برای لشکرکشی جنگ با برادرش خلیل نسبت داده‌اند و باور دارند که پل در زمان احمدخان فقط بازسازی‌شده است (شکل ۴-۳۰).

شکل۴-۳۰. نمایی از پل خاتون، خوی.

دروازه سنگی باقیمانده حصار شهر خوی در جنوب بازار خوی است. برخی قدمت آن را به دوران ایلخانان و به زوجه آباقاخان و برخی آن را به دوره قاجاریه نسبت می‌دهند.

قسمت بیرونی دروازه از جنس آجر است که به بازار راه دارد، قسمت داخلی دروازه از جنس سنگ‌های بازالتی خاکستری و سیاه است که یک درمیان چیده شده و در منطقه ماکو و ارمنستان فراوان‌اند. در دو طرف قسمت دروازه سنگی نقش دو شیر حک شده است (شکل ۴-۳۱).

شکل ۴-۳۱. نمایی از دروازه سنگی، خوی.

بازار خوی از دو مسیر اصلی، یکی دروازه سنگی و دیگری خیابان تبریز در سوی دیگر، قابل‌دسترسی است. این بازار از نظر ساختار و معماری به بازارهای سنتی شهرهای دیگر شباهت دارد، هرچند از نظر وسعت به بزرگی بازار تبریز نیست (شکل ۴-۳۲ و ۴-۳۳).

شکل ۴-۳۲. نمایی از بازار خوی.

شکل ۴-۳۳. نمایی از بازار خوی.

مزار پوریای ولی، پهلوان، عارف و شاعر قرن هفتم و هشتم خورشیدی بود. تاریخ و محل ولادت وی مشخص نیست، ولی آرامگاه او در خوی است (شکل۴-۳۴). او را اهل اورگنم از شهرهای خوارزم یا از مردم گنجه و بر اساس طوماری قدیمی متعلق به دوره صفویه از اهالی سلماس و خوی می‌دانند. در کتاب روضه او را پرده‌دار دارالصفا (خوی) برشمرده‌اند و در کتاب مرآت‌الشرق به مزارش در منطقه شاهانه خوی و نوشته سنگ مزار اشاره شده است.

شکل ۴-۳۴. نمایی از آرامگاه پوریای ولی، شهر خوی.

وی در ورزش باستانی و زورخانه‌ای ایران از جایگاهی ویژه برخوردار بود. در جوانی کشتی می‌گرفت و به کار پوستین‌دوزی و کلاه دوزی مشغول بوده است. در همین ایام به شهرهای مختلف آسیای میانه، ایران و هندوستان سفر می‌کند و در همه آن شهرها به پهلوانی نامدار می‌شود.

آثاری چون مثنوی کنزالحقایق در بحر هزج دارد که در فهرست برخی کتابخانه‌ها به‌اشتباه به عطار نیشابوری یا شیخ محمود شبستری نسبت داده شده است. مجموعه رباعیات پوریای ولی که نسخه آن در مؤسسه خاورشناسی فرهنگستان علوم ازبکستان حفظ می‌شود در سال ۱۳۴۱ خورشیدی در تاشکند به چاپ رسیده است.

۵-۴ شهرستان چایپاره

با جمعیت ۴۷۲۹۲ نفر در شمال استان آذربایجان باختری قرار دارد. مرکز آن شهر قره‌ضیاءالدین در موقعیت جغرافیایی"۴۹ ´۰۱ °۴۵ طول خاوری و"۱۷ ´۵۳ °۳۸ عرض شمالی قرار گرفته است. فاصله این شهر تا مرکز استان ۱۸۴ کیلومتر، و از شمال به شهرستان شوط و پلدشت، از جنوب و باختر به خوی و از خاور به استان آذربایجان خاوری محدود است (بر اساس آمار سال ۱۳۹۵ خورشیدی). پیرامون آن، بخصوص جاده منتهی به چالدران و سپس روستای کشمش‌تپه، بسیار زیبا است. مهم‌ترین اثر باستانی این شهرستان قلعه بسطام است.

قلعه بسطام در روستای بسطام، در فاصله ۶ کیلومتری باختری شهر قره‌ضیاءالدین قرار دارد. اولین قلعه‌ای است که به تمدن اوراتوی نسبت می‌دهند و توسط رؤسای دوم پادشاه اوراتو ساخته شده است. سنگ‌نبشته‌های در این قلعه وجود دارد. این قلعه توسط هیئت آلمانی (۱۹۷۰-۱۹۷۷) مورد اکتشاف قرار گرفته است. در این اکتشاف ساختمان‌های مختلفی کشف شد.

در قسمت پایینی قلعه، دروازه اصلی، در پشت دیوارهای ضخیم اتاق نگهبانی، اسلحه‌خانه، انبار آذوقه و ... همچنین در قسمت‌های دیگر مهمانسرا، انبارهایی برای نگهداری مایعات از جمله شراب کشف شد. در میان قلعه معبد ایزدی خالدی کشف شده که فقط قسمتی از آن باقی مانده است از همه مهم‌تر به دست آمدن چند سنگ‌نوشته و همچنین ساختارهای آب ساز که از اختراعات اوراتورها می‌باشد. در اصل این قلعه یکی از شهرهای اوراتورها می‌باشد که توسط پادشاه این شهر بنا نهاده شد.

۶-۴ شهرستان ماکو

با جمعیت ۹۴۷۵۱ نفر در شمال باختری ایران، بین دو کوه ساخته شده و در دره ژرفی قرار گرفته است (بر اساس آمار سال ۱۳۹۵ خورشیدی). مرکز آن شهر ماکو در موقعیت جغرافیایی"۵۹ ´۳۰ °۴۴ طول خاوری و"۴۲ ´۱۷ °۳۹ عرض شمالی قرارگرفته است. فاصله این شهر تا مرکز استان ۳۰۱ کیلومتر است.

از شمال و باختر به کشور ترکیه، از خاور به شهرستان‌های پلدشت و شوط، از جنوب باختری به شهرستان چالدران و از جنوب به شهرستان خوی محدود می‌شود. ماکو در زمان شاه‌عباس، احتمالاً بانام اولیه ماد کوه، قلعه‌ای بیش نبوده است. اینک قلعه‌ای قدیمی، در محل اولیه شهر ماکو، تقریباً در وسط شهر در سمت نیمه خاوری وجود دارد. قلعه با شواهد ساختاری مشابه قلعه‌های ساخته شده در زمان باستان، تاریخی کهن دارد (شکل ۴-۳۵ و ۴-۳۶).

شکل ۴-۳۵. نمایی از شهر ماکو، (مهرداد سرهنگی).

شکل ۴-۳۶. نمایی نزدیک از شهر ماکو، (مهرداد سرهنگی).

نام این شهر احتمالاً به ماد برمی‌گردد و از مادکو گرفته شده است. اهمیت گردشگری آن به دلیل نزدیکی به دشت چالدران، وجود چند کلیسای قدیمی خانه سنگی بسیار کهن در دل کوه در کنار روستای سنگی و نزدیکی آن به مرز بازرگان و کوه آرارات، بازالت‌های منشوری و سیلاب‌های بازالتی رودخانه زنگمار آن است. مسیر مرزی بازرگان به پلدشت از شهر ماکو می‌گذرد.

از جاذبه‌های گردشگری این شهرستان می‌توان به کاخ باغچه‌جوق، چشمه ثریا، مجموعه تاریخی سنگر و قلعه ماکو و ساخت‌های بازالت‌های منشوری در فصل پنجم اشاره کرد.

قلعه ماکو به گفته مردمان بومی به زمان صفویه نسبت داده‌شده است اما ویژگی‌های قلعه و دیوار پیرامون آن حکایت از قدمت کهن‌تری دارد که احتمالاً در زمان صفویه بازسازی شده است (شکل ۴-۳۷ و ۴-۳۸). احتمالاً ساخت اولیه آن به دوران اوراتوی‌ها برسد.

شکل ۴-۳۷. نمایی از دورنمای قلعه ماکو.

شکل ۴-۳۸. شکل بالا: قلعه ماکو، شکل پایین: دیوار قلعه ماکو.

کاخ باغچه‌جوق در جنوب باختری و باختر شهر ماکو با موقعیت جغرافیایی "۴۳ ´۲۵ °۴۴ طول خاوری و "۲۲ ´۱۷ °۳۹ عرض شمالی قرار دارد. کاخ باغچه‌جوق، با تلفیقی از معماری ایران خاوری و ایران باختری، توسط تیمور تیموری از حکام زمان مظفرالدین شاه ساخته شد. این کاخ به‌عنوان مقری ییلاقی در دوطبقه بنا شده که در سال ۱۳۵۳ خورشیدی به موزه تبدیل شد. دیوارهای آن با آینه‌کاری‌ها، گچبری و نقاشی مزین شده، آثاری چون

مبلمان نفیس، پرده‌ها و ظروف کهن و ارزشمند در آن به نمایش گذاشته شده است. این کاخ در باغی بزرگ در یک محل ییلاقی واقع شده است (شکل ۴-۳۹).

شکل ۴-۳۹. نمایی از کاخ باغچه‌جوق، ماکو.

مجموعه تاریخی سنگر در شمال خاوری ماکو روستا و رودخانه سنگر، هر دو زیبا با طبیعتی سرسبز، قرار گرفته است. از این روستا کوه‌های آرارات بزرگ و کوچک قابل مشاهده‌اند. در نزدیکی رودخانه و روستا یک سایت باستانی زیبا دیده می‌شود که با قدمتی ۳۰۰۰ ساله تاریخ آن به دوره اوراتوها می‌رسد. در این سایت باستانی سه ساختار مشاهده می‌شود.

- دخمه گور که شکلی از یک کندوکاری در داخل سنگ‌آهک سخت است. این دخمه یا خانه در دل کوه از یک سالن مرکزی با زاویه‌بندی خوب و دقیق به شکل مکعب و مستطیل قرارگرفته است. دو اتاق کوچک نیز از سالن اصلی منشعب می‌شود (شکل ۴-۴۰).
- در کنار دخمه و یا خانه‌ها پلکانی در دل کوه دیده می‌شود که سنگ‌های تراش‌خورده دارد (شکل ۴-۴۱).
- این سایت از سنگ‌های بازالتی درشت، منتقل‌شده از مکان‌های دیگر، آراسته شده و احتمالاً محل تجمع بوده است. وجود این سایت نشان‌دهنده توانایی نیاکان ما (حدود ۳۰۰۰ سال پیش) در کنده‌کاری سنگ و ایجاد پایگاه در دل کوه است.

شکل ۴-۴۰. نمایی از اتاق‌های مجموعه تاریخی سنگر، ماکو.

شکل ۴-۴۱. نمایی از پله‌های مجموعه تاریخی سنگر، ماکو.

۴-۷ شهرستان چالدران

چالدران از شهرستان‌های مرزی استان آذربایجان باختری است و با جمعیت ۴۵۰۶۰ نفر (بر اساس سرشماری ۱۳۹۵ خورشیدی) در مرز کشور ترکیه قرار دارد. مرکز آن، شهر سیه‌چشمه، در موقعیت جغرافیایی "۰۴ ´۲۳ °۴۴ طول خاوری و "۵۳ ´۰۳ °۳۹ عرض شمالی قرار دارد و فاصله آن تا ارومیه، مرکز استان، ۲۲۰ کیلومتر است. چالدران از شمال خاوری به ماکو، از جنوب خاوری به خوی و از شمال و باختر به ترکیه محدود می‌شود. نام این شهرستان از جنگ تاریخی چالدران، نخستین نبرد میان دولت صفوی و عثمانی، گرفته شده است. مردم این منطقه به ترکی آذربایجانی سخن می‌گویند.

دشت چالدران دشتی مرتفع، گسترده و سرسبز است که در اغلب ماه‌های سال (جز زمستان و آذرماه) مناظر بسیار زیبایی دارد و در زمستان بیشتر اوقات پوشیده از برف است. در این دشت، تپه‌ماهورهای فراوانی پراکنده‌اند که در میان کوه‌های بلند محصور شده‌اند (شکل ۴-۴۲).

شکل۴-۴۲. نمایی از محل جنگ در دشت چالدران، (مهرداد سرهنگی).

جنگ چالدران در سال ۱۵۱۴ میلادی میان سپاه شاه اسماعیل صفوی و سپاه سلطان سلیم عثمانی در همین منطقه رخ داد. در این نبرد، با وجود شجاعت جنگاوران ایرانی، سپاه عثمانی به دلیل برخورداری از تجهیزات پیشرفته‌تر - از جمله توپخانه - و شمار بیشتر سربازان (حدود ۶۰ هزار نفر)، بر ایرانیان چیره شد. نتیجه این شکست، تصرف بخش‌هایی از غرب ایران و حتی اشغال پایتخت آن زمان، تبریز، بود. بااین‌حال، مقاومت و رشادت ایرانیان موجب شد ارتش عثمانی از بیم تجدیدقوا و سازماندهی دوباره سپاه ایران، از تبریز عقب‌نشینی کند.

هرچند شکست چالدران در دوران شاه‌عباس صفوی تا حد زیادی جبران شد، اما پیامدهای مهمی بر جای گذاشت؛ از جمله جدا شدن بخش‌هایی گسترده از سرزمین ایران که امروزه محل سکونت بسیاری از کردهای عراق و ترکیه است. همچنین، تفاوت مذهبی میان حکومت صفوی و مردم آن مناطق و برخی رفتارهای تند صفویان با اهل سنت، در گرایش ساکنان این نواحی به حکومت عثمانی بی‌تأثیر نبود.

از جاذبه‌های گردشگری این شهرستان می‌توان به کلیسای قره‌کلیسا و آبشار شرشر اشاره کرد. مسیر چالدران-ماکو-بازرگان یکی از زیباترین مسیرهای استان آذربایجان باختری

است؛ جاده‌ای مرتفع با متوسط ارتفاع بیش از ۱۸۰۰ متر از سطح دریا که از روستای کشمش‌تپه عبور می‌کند. در امتداد این مسیر می‌توان به بازالت‌های منشوری ماکو در مرز ایران و ترکیه دست یافت. همچنین، آثار باستانی کشمش‌تپه که در همین مسیر قرار دارد -هرچند از نظر تقسیمات اداری متعلق به شهرستان ماکو است- از جاذبه‌های قابل بازدید منطقه به‌شمار می‌رود.

کلیسای قره‌کلیسا در شمال روستای قره‌کلیسا و در موقعیت جغرافیایی "۴۰ ´۳۲ °۴۴ طول خاوری و "۳۲ ´۰۵ °۳۹ عرض شمالی قرار دارد. این کلیسا بر آرامگاه طاطاوس مقدس (تادئوس)، یکی از نخستین مبشران مسیحیت، بنا شده و افزون بر اهمیت مذهبی برای پیروان مسیحیت، از لحاظ معماری و قدمت نیز ارزشی کم‌نظیر دارد. قره‌کلیسا با گنبد دوگانه‌ای شبیه دو قله کوه آرارات، یکی از شاخص‌ترین بناهای مذهبی و تاریخی منطقه است. این اثر ارزشمند به‌عنوان نهمین اثر تاریخی ایران در فهرست میراث جهانی یونسکو ثبت شده است (شکل ۴-۴۳ تا ۴-۴۵).

شکل ۴-۴۳. نمایی از کلیسای تادئوس مقدس یا قره کلیسا.

شکل ۴-۴۴. نمایی از کلیسای تادئوس مقدس یا قره کلیسا.

شکل ۴-۴۵. نمایی از بخش‌های مختلف کلیسای قره‌کلیسا، چالدران.

۴-۸ شهرستان اشنویه

با جمعیت ۷۳۸۸۶ نفر در بخش باختری استان آذربایجان باختری قرار گرفته، مرکز آن شهر اشنویه در موقعیت جغرافیایی "۴۹ ´۰۵ °۴۵ طول خاوری و "۱۱ ´۰۲ °۳۷ عرض شمالی است (بر اساس آمار سال ۱۳۹۵ خورشیدی). فاصله این شهر تا مرکز استان ۷۳ کیلومتر است. از شمال به شهرستان ارومیه، از خاور به نقده و از جنوب به پیرانشهر محدود می‌شود و از باختر با کشور عراق هم‌مرز است. نام اشنویه احتمالاً از واژه‌ای باستانی به معنای «بهشت» گرفته شده است؛ مشابه روستای خوش آب‌وهوای وشنوه در قم که آن نیز معنایی نزدیک به «بهشت» دارد. اشنویه به‌دلیل توپوگرافی کوهستانی، آب‌وهوای سرد و مرطوب در پاییز و زمستان و آب‌وهوای معتدل در فصل‌های گرم دارد. بسیاری از تاریخ‌نگاران ایرانی پس از اسلام، از جمله ابن‌حوقل و حمدالله مستوفی، این شهر را به‌خاطر هوای خوش و باغ‌های فراوان ستوده‌اند.

آب‌وهوای دلپذیر منطقه، اشنویه را به «بهشتی سبز» تبدیل کرده که در آن انواع میوه‌ها به‌وفور به بار می‌نشیند (شکل ۴-۴۶). مسیر ارومیه-اشنویه نیز از زیباترین مسیرهای دیدنی استان است. این شهر قدمتی کهن دارد و وجود تپه‌های باستانی بر پیشینه تاریخی آن گواهی می‌دهد. اشنویه شهری کردنشین با مردمی نیرومند، میهن‌دوست و خونگرم است و در دوره ایران باستان نیز محل رخداد چندین نبرد مهم، از جمله جنگ دوم اشکانیان با رومیان، بوده است. آنچه امروز این شهر را برجسته می‌کند، طبیعت سرسبز، آب‌وهوای خوش و مهمان‌نوازی مردم آن است.

شکل ۴-۴۰. نمایی از شهر اشنویه، (مهرداد سرهنگی).

شهرستان اشنویه یا بهشت باستانی دارای چندین آثار قدیمی پیش از اسلام می‌باشد که تعداد زیادی از آن‌ها به ثبت ملی رسیده‌اند این آثار عبارت‌اند از:

- کتیبه کله شین
- قلعه قلاتگاه
- تپه شب آقا
- تپه گرده سور
- تپه مزرا
- ۵ کتیبه مربوط به اوراتوی

۴-۹ شهرستان نقده

با جمعیت ۱۲۷۶۷۱ نفره در جنوب دریاچه ارومیه و شهرستان ارومیه قرار دارد و مرکز آن شهر نقده در موقعیت جغرافیایی "۱۶ ´۲۳ °۴۵ طول خاوری و"۲۲ ´۵۷ °۳۶ عرض شمالی قرار گرفته است (بر اساس آمار سال ۱۳۹۵ خورشیدی). این شهر در دشت سالدوز قرار دارد و نام قدیم شهر سل دوز بوده که احتمالاً نام ترکی شده شوردیره است؛ البته گویا نام یکی از امیران ایلخانی و یا تیموری هم بوده است. ولی به نظر می‌رسد همان ویژگی شور دیره یا سلدوز، دارای شوری زیاد، درست‌تر باشد.

فاصله این شهر تا مرکز استان ۷۶ کیلومتر و از شمال به دریاچه ارومیه، از شمال باختر به ارومیه، از باختر به اشنویه، از جنوب به پیرانشهر و از خاور به مهاباد محدود است (شکل ۴-۴۷).

شکل ۴-۴۷. نمایی از شهر نقده، (مهرداد سرهنگی).

جمعیت شهرستان نقده ترکیبی از مردم کرد و ترک‌زبان و شهری پررونق در کشاورزی دارای فضای سبز خوبی در شهر و حومه آن است. باغ‌های سیب و انگور زیادی در پیرامون این شهر گسترش دارد.

باوجود واقع شدن شهر در یک دشت نسبتاً مسطح، پیرامون آن کوه‌های زیادی از جمله کوه سلطان یعقوب، فیرنگی، مهدی خان وجود دارد که در دامنه آن‌ها چشمه‌های با آب روان و سبک جاری است. در پیرامون نقده چند تپه باستانی وجود دارد. یکی از آثار تاریخی این شهرستان تپه حسنلو، با قدمت شش‌هزارساله و پل بهرام‌لو است که به شرح آن پرداخته می‌شود.

پل بهرام‌لو بر روی رودخانه گذارچای در دوران صفویه ساخته شد و درسال ۱۳۷۷ با شماره ۲۰۶۴ ثبت ملی شده است (شکل۴-۴۸).

شکل ۴-۴۸. نمایی از پل تاریخی بهرام لو نقده، (مهرداد سرهنگی).

تپه حسنلو با ارتفاعی حدود ۲۵ متر از زمین‌های اطراف، در فاصله نزدیک به ۹ کیلومتری شهرستان نقده قرار دارد. این محوطه تاکنون بارها توسط باستان‌شناسان ایرانی و خارجی مورد کاوش قرار گرفته است. نخستین کاوش در سال ۱۳۱۳ خورشیدی انجام شد و پس از آن در سال ۱۳۱۵، اورل استین، باستان‌شناس انگلیسی، بررسی‌هایی را در آن ادامه داد.

در سال ۱۳۲۶ خورشیدی، فرهادی با نظارت محمود راد بار دیگر به مطالعه محوطه پرداخت و در سال ۱۳۲۸ محمود راد و علی حاکمی، باستان‌شناسان ایرانی، حفاری‌ها را از سر گرفتند. در سال ۱۳۳۶ خورشیدی نیز رابرت دایسون از دانشگاه پنسیلوانیا با همکاری دانشگاه متروپولیتن نیویورک کاوش‌های گسترده‌تری را آغاز کرد و بر پایه یافته‌ها، قدمت آثار حسنلو را حدود ۶۰۰۰ سال قبل از میلاد برآورد نمود.

این منطقه از آن زمان تا دوره هخامنشی و سپس پارت‌ها محل سکونت بوده است. مهم‌ترین دوره استقرار در حسنلو میان سال‌های ۸۰۰ تا ۱۳۰۰ پیش از میلاد است؛ دوره‌ای که هم‌زمان با حکومت اورارتوها و ماناها بوده و بسیاری از بناهای سنگی مکشوفه به این دوران تعلق دارند. در برخی منابع، حسنلو به پایتخت اورارتورها نسبت داده شده، اما بیشتر پژوهش‌ها این ناحیه را متعلق به ماناها می‌دانند.

دایسون در مرکز تپه، اتاق‌های متعدد و تالارهای بزرگی از دوره عصر آهن را شناسایی کرد. او همچنین دیوارهای دفاعی، دژ نظامی و بخش‌های مستحکم شهر را از زیر خاک بیرون آورد. یکی دیگر از کشفیات مهم، سه تالار ستون‌دار بود که احتمالاً آیین‌های مذهبی در آن‌ها انجام می‌شده است. به‌نظر می‌رسد این تالارها هم‌زمان ساخته نشده‌اند: نخست تالار ستون‌دار خاوری، سپس تالار بزرگ ستون‌دار جنوبی و پس از آن تالار ستون‌دار باختری بنا شده است. از دیگر یافته‌ها می‌توان به حصارهای سنگی، معابد ستون‌دار، زیورآلات و مهم‌ترین آنها، جام طلای حسنلو اشاره کرد.

جام طلای حسنلو، با وزنی حدود ۹۵۰ گرم، اثری منحصربه‌فرد با قدمتی نزدیک به ۳۰۰۰ سال است. این جام در سال ۱۳۳۷ خورشیدی طی کاوش‌های دایسون کشف شد؛ هنگامی که در آغوش سربازی یافت شد که با خنجری از پشت مورد حمله قرار گرفته بود. به‌گفته راهنمای محوطه، این سرباز احتمالاً هنگام سرقت جام کشته شده و در همین حادثه، جام نیز سوراخ شده است.

نقوش جام در دو ردیف فوقانی و تحتانی حک شده‌اند. در ردیف بالایی، سه رب‌النوع سوار بر ارابه دیده می‌شوند: خدای طوفان که ارابه‌اش را گاو وحشی می‌کشد و جلو آن نمادهای باران نقش بسته، خدای خورشید با فروهر بر سر، و خدای ماه با هلال و کلاه شاخ‌دار. مقابل این ایزدان سه مرد روحانی قرار دارند که در حال تقدیم هدایا هستند. قطرات باران، این ردیف را به بخش پایینی پیوند می‌دهد.

در ردیف تحتانی، بانویی سوار بر عقاب در حال پرواز و بانویی دیگر بر پشت شیر دیده می‌شود که در یک دست آینه و در دست دیگر شیئی شبیه گرز دارد. همچنین سه شمشیر، صحنه پیشکش ساغر به چهارپایه‌ای خالی همراه عصای سلطنت، و نبرد قهرمانی

با فرمانروایی سه‌سر که بر شیر و بر اریکه‌ای کوه‌مانند نشسته، نقش بسته است. این اثر ارزشمند امروزه در موزه ایران باستان نگهداری می‌شود (شکل ۴-۴۹ تا ۴-۵۲).

شکل ۴-۴۹. نمایی از جام حسنلو (ویکی‌پدیا).

شکل ۴-۵۰. نمایی از ساختمان‌های تپه حسنلو، نقده.

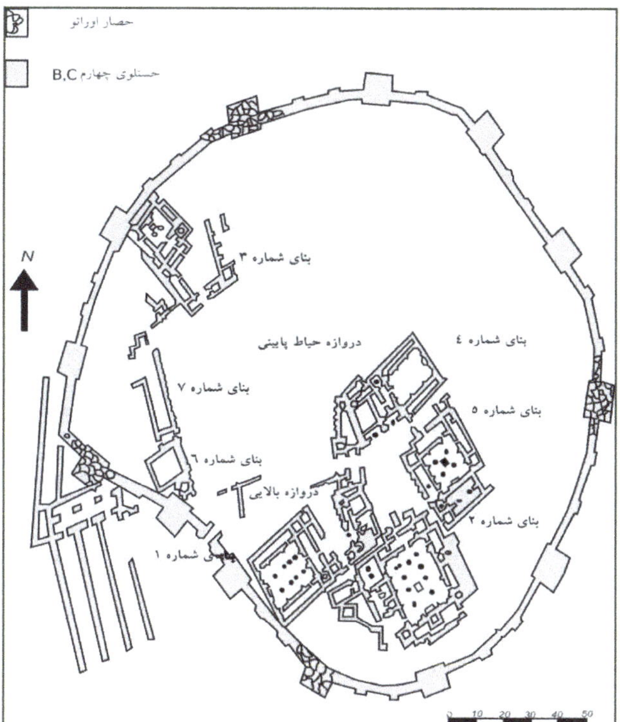

شکل ۴-۵۱. نمایی از نقشه شماتیک تپه حسنلو، نقده.

شکل ۴-۵۲. نمایی از آثار یافت‌شده تپه حسنلو، نقده.

۴-۱۰ شهرستان پیرانشهر

پیرانشهر با جمعیت ۱۳۸۸۶۴ نفر یکی دیگر از شهرستان‌های کردنشین استان آذربایجان باختری است (بر اساس آمار سال ۱۳۹۵ خورشیدی). مرکز آن شهر پیرانشهر در موقعیت جغرافیایی"۴۰ ´۰۸ °۴۵ طول خاوری و"۴۲ ´۴۱ °۳۶ عرض شمالی قرار دارد. نام قدیم پیرانشهر «خانه» بوده است و بعدها نام آن به دلیل حضور طایفه‌ای به نام «پیران» به پیرانشهر تغییر یافته است. فاصله این شهر تا مرکز استان آذربایجان غربی حدود ۱۳۳ کیلومتر است. از شمال با شهرستان‌های نقده و اشنویه، از شرق با مهاباد، از جنوب با سردشت و از غرب با کشور عراق هم‌مرز است.

پیرانشهر به سبب ویژگی‌های طبیعی چشمگیر، به‌ویژه قرار گرفتن در مسیر جاده ارومیه-پیرانشهر-سردشت، اهمیت جغرافیایی زیادی دارد. همچنین جاده‌های کوهستانی پیرانشهر به مهاباد -به‌ویژه مسیر هنگ‌آباد تا شهرستن- از زیباترین مسیرهای منطقه به‌شمار می‌آیند. در این منطقه طوایف مختلف کُرد از جمله طایفه منگور و طایفه لاهیجان سکونت دارند. مردمان این طوایف به رشادت شناخته می‌شوند و زنان پیرانشهر نیز به قدبلندی و زیبایی شهرت دارند. پیرانشهر با وجود مساحت نسبتاً کم، طبیعتی سرسبز، آب فراوان، بارش مناسب و کوه‌های بلند و پوشیده از جنگل دارد. پیرامون این شهر دشت‌ها، کوهستان‌ها و دره‌های فراوانی گسترده شده است که نسبت به وسعت خود شهر بسیار گسترده‌ترند. یکی از زیباترین این جاذبه‌ها دره ژرف و تماشایی «زرده» است که برای کوهنوردان و علاقه‌مندان طبیعت بسیار جذاب است.

پیرانشهر را می‌توان «شهر طبیعت» و «سرزمین لبنیات گوسفندی» نیز نامید. چند روستای بکر و دیدنی با چشمه‌های آب سبک و گوارا در اطراف آن قرار دارد (شکل ۴-۵۳)؛ از جمله چشمه کانی نوبتیان و چشمه آب در نزدیکی روستای شهرستن. روستاهای قلات، شهرستن و بالان‌سر از مهم‌ترین روستاهای پیرانشهر هستند که تابستان‌هایی معتدل، چشم‌اندازهای طبیعی دل‌انگیز و آب‌های سبک معدنی دارند.

شکل ۴-۵۳. نمایی از اشکال سنگی خورنج، (مهرداد سرهنگی).

۴-۱۱ شهرستان سردشت

سردشت با جمعیت ۱۱۸۸۴۹ نفر شهری کردنشین با طبیعتی زیبا و خنک در فصل بهار و تابستان و مرکز آن شهر سردشت است (بر اساس آمار سال ۱۳۹۵ خورشیدی). فاصله آن تا مرکز استان ۲۳۹ کیلومتر است. سردشت از شمال با شهرستان‌های مهاباد و پیرانشهر، از خاور با استان کردستان و از باختر با عراق هم‌مرز است. سردشت نام خود را از موقعیت جغرافیایی یعنی در بالا دشت گرفته است.

این شهرستان در پایانه جنوب باختری استان آذربایجان باختری، در نزدیکی استان اربیل کردستان عراق واقع است. سردشت با طبیعت زیبا و جنگلی آن از طریق مسیرهای زیبای مهاباد و سردشت قابل‌دستیابی است (شکل ۴-۵۴). سردشت با اقلیم کردستان عراق حدود ۱۰۰ کیلومتر مرز مشترک دارد. در شرایط کنونی بازارچه مرزی سردشت که دارای تبادل با اقلیم کردستان عراق است و بسیار پررونق است. جاذبه‌های طبیعی چون آبشار شلماش، چشمه معدنی گراون از جاذبه‌های طبیعی این استان است که در فصل پنجم توصیف می‌شوند. غذاهای محلی خاصی در این شهر وجود دارد. از میوه‌های قابل توجه این شهر به‌جز انگور سیاه، سماق می‌باشد.

از جاذبه‌های گردشگری آن می‌توان به رودخانه زاب که از کوه‌های کردستان سرچشمه می‌گیرد،

شکل ۴-۵۴. نمایی از شهر سردشت، (مهرداد سرهنگی).

پل قلاتاسی یا پل قلاتاسیان واقع بر روی رودخانه زاب، مسیرهای زیبای مهاباد به سردشت و مسیر ارومیه-پیرانشهر-سردشت اشاره کرد. در ابتدای مسیر ارومیه-پیرانشهر-سردشت باغ‌های سیب و پس از پیرانشهر درختان بلوط در دو طرف جاده به فراوانی دیده می‌شوند. همچنین در بخش پدیده‌های زمین‌گردشگری می‌توان از چشمه‌های تراورتن ساز زیبای آن یاد کرد.

پل قلاتاسیان در مسیر قدیمی سیرآباد به مهاباد و در بخش شمالی رودخانه زاب کوچک قرار دارد. بنای فعلی پل به دوره قاجاریه نسبت داده می‌شود، هرچند که شواهد نشان می‌دهد پایه‌ها و جایگاه اولیه آن به دوره ساسانی بازمی‌گردد. پایه‌های پل -به‌جز یک پایه که با لاشه‌سنگ و ملات ساروج ساخته شده- به صورت طبیعی و بر روی صخره‌های موجود در بستر رودخانه شکل گرفته است. در بازسازی‌های انجام شده، سطح عبوری پل با چوب و آهن مرمت و قابل استفاده شده است.

۴-۱۲ شهرستان مهاباد

با جمعیت ۲۳۶۸۴۹ نفر، بزرگ‌ترین شهر کردنشین استان آذربایجان باختری و مرکز آن شهر مهاباد در موقعیت جغرافیایی "۲۰ ´۴۳ °۴۵ طول خاوری و"۵۵ ´۴۵ °۳۶ عرض شمالی قرارگرفته است (بر اساس آمار سال ۱۳۹۵ خورشیدی). فاصله‌اش تا مرکز استان ۱۲۰ کیلومتر است. مهاباد از شمال به شهرستان میاندوآب، از خاور به بوکان، از باختر به نقده و پیرانشهر و از جنوب به سردشت محدود می‌شود.

نام قدیم آن ساوجبلاغ مکری بوده که گاه به آن کردستان مکری می‌گفته‌اند. ساوجبلاغ به معنی چشمه سرد است. مهاباد ازنظر سیاسی-اجتماعی ویژگی‌های خاصی دارد. از این نظر می‌توان گفت، مهاباد جایگاه ویژه‌ای در میان مردان سیاست در صدسال اخیر آذربایجان غربی دارند.

وجود کتیبه‌ای به خط میخی و کنده‌کاری‌ها در دل‌سنگ در داش‌تپه در پیرامون مهاباد نشان از قدمت کهن شهر دارد. وجود تپه‌های باستانی در نزدیکی این شهر نشانه‌هایی دیگر از تاریخ باستانی است که به آن اشاره خواهد شد. مهاباد در جنوب دریاچه ارومیه، در ناحیه‌ای ناهموار واقع است که رودخانه مهابادرود با گذر از آن به دریاچه مهاباد می‌ریزد (شکل ۴-۵۵). مهاباد به داشتن مراسم‌های شاد عروسی همراه با موسیقی کردی زبانزد است. مردمان این خطه بسیار مهمان‌نواز و خونگرم هستند. دارای چند سد، دریاچه زیبا و مناطق و باغ‌های سرسبز است (شکل ۴-۵۶ و ۴-۵۷). کنار سد مهاباد از گردشگاه‌های خوب مهاباد به‌شمار می‌رود.

شکل ۴-۵۵. نمایی از دریاچه مهاباد

شکل ۴-۵۷. نمایی از باغ‌های پیرامون شهر مهاباد.

شکل ۴-۵۷. نمایی از باغ‌های پیرامون شهر مهاباد.

تاریخچه مهاباد:

ناحیه مهاباد یکی از کهن‌ترین سکونت‌گاه‌های شمال غرب ایران به‌شمار می‌رود و به‌احتمال زیاد در زمان اوراتوری‌ها و ماناها دارای بافت‌های شبه‌شهرنشینی بوده است. در نزدیکی شهر، آثاری همچون کنده‌کاری‌های سنگی و دخمه‌های تراشیده در دل سنگ -مانند گوردخمه فقره‌گاه (به‌معنای فرّ و شکوه در زبان کردی)- دیده می‌شود که یادگار فرهنگ اوراتویی است، هرچند ممکن است در دوره مادها ساخته شده باشد و آنان از هنر و شیوه‌های ساخت اقوام پیشین بهره برده باشند.

منطقه مهاباد بیشتر تحت نفوذ اقوام کهن مانایی بوده است. در حدود سه کیلومتری شهر کنونی مهاباد، روستای دَریاز (یا دَریاس) قرار دارد که در گذشته بزرگ‌ترین سکونت‌گاه این ناحیه به‌شمار می‌رفته است. مهاباد امروزی در دوره ماد و هخامنشی بخشی از قلمرو آنان بوده و در زمان اسکندر، در محدوده فرمانروایی آتروپات قرار داشته است.

وجود تپه‌های باستانی، کنده‌کاری‌های سنگی و دخمه‌های صخره‌ای همگی نشان از تمدن دیرینه این سرزمین دارد. پس از اسلام، مهاباد و پیرامون آن عمدتاً تحت اداره حکومت‌های محلی بوده است. مهاباد را بسیاری مرکز فرهنگی مناطق کردنشین آذربایجان باختری می‌دانند. در دوران جنگ جهانی دوم و چند سال پس از آن، شکل‌گیری فرقه‌های دموکرات در آذربایجان و

کردستان -از جمله فرقه پیشه‌وری در آذربایجان شرقی و قاضی محمد در مهاباد- تلاشی برای ایجاد حکومت‌های محلی تحت نفوذ شوروی سابق بود.

زبان مردم مهاباد کردی سورانی با لهجه مکری است. مردم آن از لحاظ اجتماعی و سیاسی بسیار آگاه بوده، به رسومات ملی و فرهنگ ایرانی احترام می‌گذارند.

دیدنی‌های مهاباد بسیار است که به برخی از آن‌ها اشاره می‌شود:

- طبیعت، دریاچه‌ها، کوه‌های زیبا و غارهای پیرامون آن.
- سنگ‌نوشته‌ها و کنده‌کاری‌های تاریخی پیرامون شهر.
- بناها و بازارهای داخل شهر.
- امکانات نسبتاً خوب رفاهی در شهر مهاباد.

غار سهولان از مناطق دیدنی پیرامون شهر است. همچنین جاده‌های اطراف مهاباد به‌خصوص جاده مهاباد-سردشت بسیار زیبا هستند که در فصل پنجم بدان‌ها اشاره می‌شود.

آثار باستانی مهاباد در برون شهر و درون شهر وجود دارد. در برون شهر، آثار باستانی و در درون شهر بناهای چند صدسال همچون کنده‌کاری‌های فخری گاه وجود دارد که به دوره مادها برمی‌گردد (شکل ۴-۵۸).

شکل۴-۵۸. نمایی از فخریگاه مهاباد، (مهرداد سرهنگی).

محوطه باستانی بَرده‌کِنتَه یکی از تپه‌های کهن مهاباد است که به‌احتمال زیاد قدمت آن به دوره ماناها بازمی‌گردد. از دیگر آثار تاریخی این ناحیه می‌توان به سنگ‌نگاره خَرَه‌هَنجَریان اشاره کرد که در مسیر مهاباد-سردشت و در کنار روستای هنجریان قرار دارد. این سنگ‌نگاره نوعی نقاشی بر روی سنگ است و احتمال می‌رود قدمت آن به پیش از دوران ماناها برسد.

از بناهای تاریخی شهر می‌توان مسجد جامع سرخ مهاباد را نام برد که متعلق به دوره صفویه است. حمام تاریخی میرزا رسول نیز از دیگر یادگارهای دوران صفوی به‌شمار می‌آید. همچنین موزه میراث فرهنگی مهاباد، حوضخانه شاه‌درویش و خانقاه شمس‌الدین بُرهان از دیگر دیدنی‌های ارزشمند این شهر هستند.

۴-۱۳ شهرستان میاندوآب

میاندوآب، با جمعیت ۲۷۳۹۴۹ نفر، در بخش خاوری استان آذربایجان باختری قرارگرفته و مرکز آن شهر میاندوآب در موقعیت جغرافیایی "۱۹ ´۰۶ °۴۶ طول خاوری و "۳۳ ´۵۷ °۳۶ عرض شمالی قرارگرفته است. فاصله آن تا مرکز استان ۱۴۱ کیلومتر است (بر اساس آمار سال ۱۳۹۵ خورشیدی). میاندوآب از خاور با شهرستان شاهین‌دژ، از جنوب با بوکان و مهاباد، از باختر با نقده و از شمال با استان آذربایجان خاوری و شهرملکان همسایه است.

وجه‌تسمیه نام این شهر، قرار گرفتن آن در میان دو آب، یعنی میان دو رودخانه سیمینه‌رود و زرینه‌رود است. در میاندوآب باغ‌های فراوان انگور و سیب وجود دارد و این شهر از تولیدکنندگان مهم این دو محصول به‌شمار می‌آید. باغ‌های اطراف شهر و جریان دو رودخانه سیمینه‌رود و زرینه‌رود نقش مهمی در زیبایی و ایجاد هوای مطبوع این منطقه دارند (شکل ۴-۵۹).

میاندوآب را می‌توان شهر باغ‌های سیب نامید؛ هرچند در گذشته بیشتر دارای باغ‌های انگور بوده است. یکی از آثار تاریخی این شهرستان پل میرزا رسول است که در ادامه به جزئیات آن پرداخته می‌شود.

شکل ۴-۵۹. شکل بالا: نمایی از رودخانه زرینه‌رود بادید به سمت شهر (موقعیت جغرافیایی"۴۰ ´۰۶ °۴۶ طول خاوری و "۴۹ ´۵۸ °۳۶ عرض شمالی). شکل پایین: نمایی از باغ‌های میاندوآب (موقعیت جغرافیایی "۵۲ ´۴۶ °۴۵ طول خاوری و "۱۲ ´۵۴ °۳۶ عرض شمالی).

پل میرزا رسول در فاصله ۳ کیلومتری جنوب باختری شهر میاندوآب در جاده میاندوآب-مهاباد و در موقعیت جغرافیایی "۱۲ ´۰۳ °۴۶ طول خاوری و "۲۴ ´۵۷ °۳۶ عرض شمالی قرار گرفته است. قدمت آن به دوره قاجاریه می‌رسد. بنای آن آجری و بر روی رودخانه سیمینه‌رود کشیده شده است (شکل ۴-۶۰ و ۴-۶۱).

شکل ۴-۶۰. نمایی از پل میرزا رسول بر روی رودخانه سیمینه‌رود، میاندوآب.

شکل ۴-۶۱. نمایی از پل میرزا رسول بر روی رودخانه سیمینه‌رود در اردیبهشت‌ماه، میاندوآب.

۴-۱۴ شهرستان بوکان

بوکان با جمعیت ۲۵۱۴۰۹ نفر در جنوب استان آذربایجان باختری قرارگرفته و مرکز آن شهر بوکان در موقعیت جغرافیایی "۳۳ ´۱۲ °۴۶ طول خاوری و "۰۷ ´۳۱ °۳۶ عرض شمالی است (بر اساس آمار سال ۱۳۹۵ خورشیدی). فاصله این شهر تا مرکز استان ۱۸۲ کیلومتر است. بوکان از شمال به شهرستان میاندوآب، از خاور به شاهین‌دژ، از باختر به مهاباد و از جنوب به استان کردستان محدود می‌شود. نام بوکان از کلمه کردی «بوک» به معنی عروس گرفته شده است و بوکان به معنای «شهر عروس‌ها» است. البته ممکن است نام شهر از زیبایی طبیعت پیرامون آن الهام گرفته شده باشد. بر اساس یک روایت، نام این شهر به چشمه بزرگی در مرکز بوکان مربوط است؛ گویا مردم شهر برای رفتن به عروسی از کنار این آبگیر عبور می‌کردند. این چشمه امروزه در مرکز شهر قرار دارد و بخشی از آب شرب بوکان را تأمین می‌کند.

پیرامون بوکان زمین‌های کشاورزی فراوانی از نوع دیم وجود دارد که در فصل بهار و اوایل تابستان بسیار سرسبز و چشم‌نواز هستند. قدمت بناهای تاریخی این شهر به دوره قاجار بازمی‌گردد، اما توسعه شهری آن عمدتاً در دوران پهلوی انجام شد. عزیزخان مکری را می‌توان بنیان‌گذار بوکان دانست؛ زیرا او مالک ناحیه و سردار بوکان بود و پس از او پسرانش حاکمان شهر شدند.

مردم بوکان اصالتاً کردی، عموماً قوی و درشت‌پیکر و بسیار مهمان‌نواز و مهربان هستند. از جاذبه‌های گردشگری این شهرستان می‌توان به پارک بوکان، نزدیکی آن به غار سهولان، مزارع سبز گندم در فصل بهار و پدیده‌های زمین‌شناختی پیرامون اشاره کرد.

۴-۱۵ شهرستان شاهین‌دژ

شاهین‌دژ در دوره ساسانیان دژی بوده است که زائران در مسیر زیارت تخت سلیمان شب را در آن استراحت می‌کردند و صبح روز بعد به سوی تخت سلیمان حرکت می‌کردند. این شهر کوهستانی است و مردم آن به دو زبان کردی و ترکی آذری سخن می‌گویند. کوه‌های پیرامون شهر، به‌ویژه کوه سلیمان، ییلاقی با طبیعتی بسیار زیبا دارند، هرچند مسیر ماشین‌روی مناسبی برای آن‌ها وجود ندارد. پیرامون شاهین‌دژ جاده‌های کوهستانی و روستایی متعددی کشیده شده است که در طول آن‌ها رویش شقایق‌های وحشی و خشخاش‌های خودرو در تیرماه جلوه خاصی به منطقه می‌بخشد.

جاده شاهین‌دژ به سمت تکاب بسیار زیباست و در بخش مسیرهای استان به تفصیل توصیف شده است. همچنین جاده‌ها به روستاهای کوچک در دل کوهستان مانند

هاچه‌سو می‌رسند. اغلب روستاهای شاهین‌دژ کردنشین هستند و در روستاهایی چون خزایی بالا و پایین، اوچ‌دره و... گردهایی از ایل‌های شکاک، موصولونی و زعفرانی سکونت دارند. از دید گردشگران، شاهین‌دژ شهری با طبیعت کوهستانی منحصربه‌فرد است و حتی در تیرماه نیز در کوه سلیم خان لازم است لباس گرم پوشید.

۱۶-۴ شهرستان تکاب

شهرستان تکاب، با جمعیت ۸۰۵۵۶ نفر در پایانه جنوب خاوری استان آذربایجان باختری قرار دارد و مرکز آن شهر تکاب در موقعیت جغرافیایی "۴۸ ´۰۶ °۴۶ طول خاوری و"۰۶ ´۲۴ °۳۶ عرض شمالی است (بر اساس آمار سال ۱۳۹۵ خورشیدی). فاصله این شهر تا مرکز استان ۲۸۲ کیلومتر است. تکاب از باختر با شاهین‌دژ، از شمال با استان آذربایجان خاوری، از خاور با استان زنجان و از جنوب با استان کردستان هم‌مرز است. وجه‌تسمیه تکاب از «تیکان‌تپه» گرفته شده است؛ «تیک» به معنای خار است و شهر درواقع بر روی تپه‌ای ساخته شده که پیش‌تر پر از خار بوده است. مردم این شهر به زبان‌های کردی و ترکی آذری سخن می‌گویند. تکاب به بافت فرش‌های دست‌بافت زیبا معروف است که به «فرش افشار» مشهورند و عسل از دیگر محصولات این شهر به‌شمار می‌آید. به‌دلیل نزدیکی به تخت سلیمان، تکاب اهمیت ویژه‌ای از نظر گردشگری دارد.

از دیگر جاذبه‌های شهرستان می‌توان به «چمن متحرک» (چملی) اشاره کرد که در نزدیکی روستای بدرلو، در شمال خاوری شهر تکاب، واقع شده است. این منظره طبیعی به مرور زمان بر اثر نشستن خار، خاشاک و گردوغبار بر روی دریاچه، به‌صورت جزیره‌ای شناور در سطح آب درآمده است (موقعیت جغرافیایی: ۴۷°۱۳'۳۳" طول خاوری و ۳۶°۲۸'۳۲" عرض شمالی). روستاهای پیرامون تکاب مانند عربشان، آق‌دره و چیچکلو دارای طبیعتی بسیار زیبا هستند. روستای عربشان مورفولوژی کاسه‌مانندی دارد و از هر نقطه آن آسمان دیده می‌شود. مسیر تکاب-زره‌شوران-آق‌طاق، امکان دسترسی به این روستا و ادامه مسیر به آرپاچای، قره‌آغاج و هشترود را فراهم می‌کند. تکاب به‌خاطر معادن بزرگ طلا در پیرامون آن، مانند زرشوران و آقدره، گاهی «شهر طلای ایران» نامیده می‌شود (شکل ۴-۶۲).

شکل ۴-۶۲. نمایی از روستای عربشاه، گروس.

در منطقه تکاب، سه روستا به نام‌های آق‌دره، آق‌دره پایین و آق‌دره وسط و بالا (علیا) وجود دارند که همگی در دره‌ای ژرف و طولانی به نام «دره آق‌دره» واقع شده‌اند. سنگ‌های تشکیل‌دهنده دیواره‌های دو طرف دره از توف‌های سفید (خاکستر آتش‌فشانی سنگ شده) هستند که با لایه‌بندی زیبا، جلوه‌ای خاص به منظره بخشیده‌اند. کف دره سرسبز و پوشیده از درختان است و جاده منتهی به معدن طلای آق‌دره نیز زیبایی منحصربه‌فردی به این منطقه می‌بخشد (شکل ۴-۶۳).

شکل ۴-۶۳. نمایی از منطقه آق‌دره، تکاب.

روستای چیچکلو از طریق مسیر تخت‌سلیمان و روستای چهارطاق قابل دسترسی است و یکی از زیباترین روستاهای منطقه از نظر گردشگری طبیعی به‌شمار می‌رود. این روستا به دلیل موقعیت بکر و دورافتاده خود، در جنوب استان و فاصله نسبتاً زیاد از مرکز ارومیه، ارزش خاصی دارد.

مجموعه تخت‌سلیمان نیز پتانسیل تبدیل شدن به یک ژئوپارک گردشگری را دارد، هرچند تاکنون هیچ اقدامی برای راه‌اندازی چنین مرکزی انجام نشده است. شکل ۴-۶۴ عزیز عاشقی راهنمای آثار تاریخی کشور را نمایش داده است.

شکل ۴-۶۴. عزیز عاشقی پیرترین پاسدار و راهنمای آثار تاریخی کشور در تخت سلیمان تکاب، (منیژه اسد پور).

شهر قدیمی گنزک یا گنزه (به ارمنی و یونانی: گزان) یکی از شهرهای باستانی ایران است که در زمان ساسانیان جایگاه ویژه‌ای داشت. در آن دوران، این شهر میزبان بزرگ‌ترین عبادتگاه ایرانیان و آتشکده آذرگُشنَسب، یکی از مهم‌ترین آتشکده‌های ایران باستان، بوده است. پس از ورود اسلام به ایران، این منطقه برای حفظ قداست خود و جلوگیری از تخریب و تاراج، به نام تخت سلیمان نامیده شد. این نام به دلیل قرارگیری مجموعه بر روی تپه‌ای مسطح و بلند که شبیه تختی به نظر می‌رسید، انتخاب شده است.

علاوه بر این، برخی از نقاط اطراف نیز نام‌گذاری شده‌اند: چشمه خاموش در ۵ کیلومتری غرب تخت سلیمان به «زندان سلیمان» مشهور است و سایت نگهبانی کوه شمالی به نام «کوه بلقیس» شناخته می‌شود.

در تخت سلیمان آثار چهار تمدن، هخامنشی، اشکانی، ساسانی و آثاری از دوره ایلخانی مشاهده می‌شود. افزون بر تمدن‌های یاد شده حوادث تاریخی دیگری نیز بر این شهر گذشته است که از جمله عبارت‌اند از:

- پایتخت آتروپات به باور برخی مورخین در حمله اسکندر توانست آذربایجان را نجات داده، خود دولت مستقل تشکیل دهد. همین منطقه از شمال باختر است که در زمان مادها، ماد کوچک نامیده می‌شد.
- حمله رومی‌ها در زمان اشکانیان (زمان حکومت فرهاد چهارم) و تخریب بخشی از آن در سال دهم پیش از میلاد.
- پس از حمله اعراب از آن به‌عنوان شیز یاد شد. برخی عقیده دارند زادگاه زرتشت در این شهر بوده است که البته مورد قبول اغلب زرتشتیان نیست. منظور از شیز احتمالاً عجب‌شیر بوده است، زیرا نام قدیم عجب‌شیر بیشتر به شیز بعداً به شیر و عجب‌شیر تغییر کرد و ابودلف تخت سلیمان گنجه را با عجب‌شیر اشتباه گرفته است.

راهنمای دسترسی به تخت سلیمان:

تخت سلیمان متعلق به آذربایجان باختری و در جنوبی‌ترین قسمت آن جای دارد. برای رسیدن به تخت سلیمان چندین مسیر وجود دارد که عبارت‌اند از:

- جاده زنجان-دندی-تخت سلیمان.
- جاده بیجار-تکاب-تخت سلیمان.
- جاده ارومیه-مهاباد-میاندوآب-شاهین‌دژ-نرسیده به تکاب تخت سلیمان.
- جاده تبریز- ملکان- میاندوآب- شاهین‌دژ- تخت سلیمان.

مجموعه تخت سلیمان یا مجموعه سایت‌های تخت سلیمان با داشتن جاذبه‌های زیر از دیدگاه گردشگری موردتوجه است.

۱. شهر باستانی تخت سلیمان، امروزه با چشمه بزرگ در وسط آن.
۲. زندان سلیمان که در ۵ کیلومتری تخت سلیمان است.
۳. جایگاه باستانی کوه بلقیس در ارتفاعات شمالی تخت سلیمان.
۴. کوه طویله در جنوب غربی تخت سلیمان.
۵. اژدها در نزدیکی تخت سلیمان که در میان باغ‌های کشاورزی قرار دارد.

۶. آثار معدنکاری کهن.
۷. چشمه‌های آبگرم تراورتن‌ساز.
۸. تخت سلیمان کهن مشابه تخت سلیمان کنونی فعالیت آبرفتی و تراورتن‌سازی نداشته که می‌توان بدان تخت سلیمان کهن گفت.

تمامی دیدنی‌های یاد شده در یک منطقه سرسبز و پر آب واقع‌اند. هرکدام از آن‌ها ضمن داشتن ویژگی‌های خاص زمین‌شناختی تاریخی باستانی دارند که شواهد آن‌ها بارز بوده، در کاوش‌های باستان‌شناسی به‌دست آمده است. اینجا قبل از پرداختن به توصیف موارد فوق مختصری در مورد تاریخچه تخت سلیمان بیان می‌شود.

۱. شهر تخت سلیمان حاصل ساخت تراورتن است که در مرکز این مجموعه تراورتنی جای دارد و با یک حصار از اطراف جدا شده است. در داخل آن حصار دریاچه، آتشکده، ایوان، تالار و بناهای تاریخی دیده می‌شود (شکل ۴-۶۵ تا ۴-۶۷).

شکل ۴-۶۵. نمایی از شهر باستانی تخت سلیمان، تکاب، (مهرداد سرهنگی).

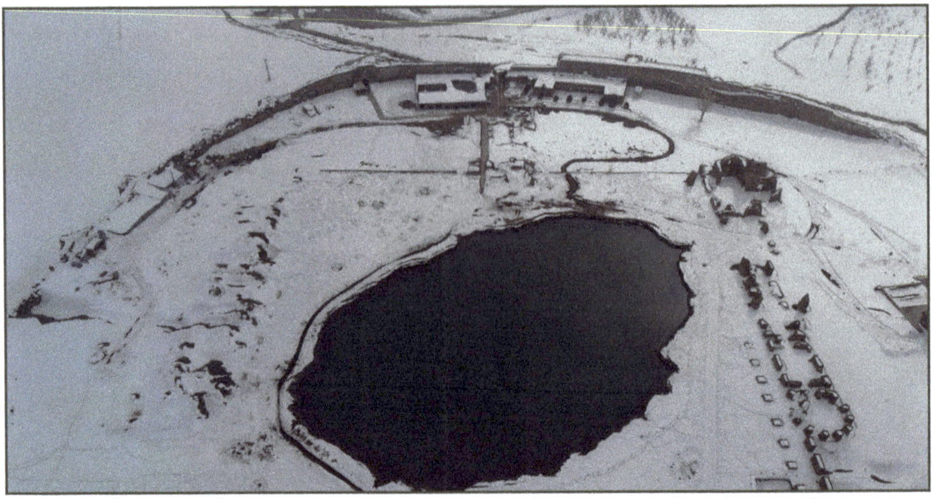

شکل ۴-۶۶. نمایی از شهر باستانی تخت سلیمان در زمستان بر روی نقشه Google Earth.

شکل ۴-۶۷. نمایی از شهر باستانی تخت سلیمان بر روی نقشه Google Earth.

در مرکز مجموعه، دریاچه‌ای دایره‌ای شکل قرار دارد که در سطح و شکل کلی قیفی با ژرفای ۱۱۲ متر (به گفته باستان‌شناسان آلمانی) و با قطر بزرگ حدود ۹۰ متر و قطر کوچک ۸۰ متر است. در ژرف‌ترین نقطه آن حفره‌ای به دهانه حدود ۲ متر وجود دارد که مظهر (خروجی) کف قیف است. اگر چه آب آن سرد به نظر می‌رسد، دلیل سردی آن ورود پر فشار آب‌گرم به یک استخر پر از آب سرد سترگ با ژرفای ۱۱۲ متر است که سرد می‌شود. ولی با فرستادن دماسنجی به حفره مظهر گرمی آن معلوم می‌شود، هر چند از میزان دمای آن در مقایسه با گذشته کاسته شده است (علت گرم بودن آب شرح داده خواهد شد).

کاوش‌های باستانی حکایت از وجود آتشکده و تالارهای بزرگ برای برگزاری جشن‌ها دارد. بنای اصلی عمارت یک چهارطاقی بزرگ و راهروهای مربوط به موبدان است که مرکز پلان اصلی را تشکیل می‌دهد. سرسراها و سه ایوان بیرونی از شمال به بنای اصلی می‌پیوندند و از طریق آن‌ها دسترسی به راه ورودی اصلی حصار امکان‌پذیر است. محوطه ایوان‌ها ظاهراً در اختیار زائرانی بوده که از سرزمین‌ها دیگر برای زیارت آتشکده آذرگشنسب می‌آمدند.

در داخل آتشکده معبدی به نام آناهیتا وجود دارد. معبد محل نگهداری آتش جاویدان بوده است و زیارتگران در زمان ساسانیان نذرهای خود را به آن‌جا می‌آوردند. در جنوب بنای اصلی، یک ایوان بزرگ قرار دارد که به محدوده دریاچه راه پیدا می‌کند. آنچه از طرح بنا برمی‌آید دال بر استفاده‌های دیگر است. در این محل از سمت باختر کاخی ایوان‌دار با اتاق‌های جنبی بزرگ و کوچک، به‌عنوان تالار تاج‌گذاری اضافه می‌شود. در محور کاخ مقابل ایوان آتشکده یک سکوی پله‌دار قرار دارد که احتمالاً از آن برای انجام تشریفات تاج‌گذاری استفاده می‌شده است. ظاهراً این محوطه برای شاهزادگان و همراهان آن‌ها که هنگام زیارت در آن اقامت می‌گزیده‌اند، در نظر گرفته شده است.

با سقوط سلسله ساسانیان خصوصیات این مکان مقدس به‌طور کلی تغییر کرده و تغییر شامل کل مجموعه است. در زمان ایلخانان با ایجاد کاخی توسط اباقاخان (حکمران ایلخانی) هم‌جوار تأسیسات ساسانیان تغییراتی در وضعیت این محدوده داده شده است. تغییرات شامل افزودن یک دروازه جدید از جنوب آن است که امتداد آن با عبور از دو حیاط‌خلوت به محوطه بزرگی منتهی می‌گردد (شکل ۴-۶۸).

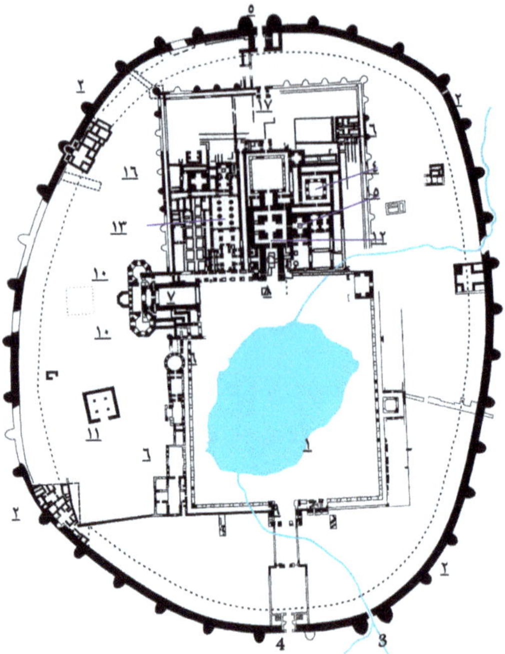

۱- دریاچه
۲- حصار محیطی- ساسانی
۳- دروازه جنوب شرقی - ساسانی
۴- دروازه جنوبی - ایلخانی
۵- دروازه شمالی - ساسانی
۶- آثار معماری غرب دریاچه - ایلخانی
۷- ایوان غربی (ایوان خسرو) - ساسانی
۸- ایوان شمالی - ساسانی
۹- ایوان جنوبی - ایلخانی
۱۰- بناهای هشت ضلعی - ایلخانی
۱۱- تالار چهارستونی (تالار شورا) - ایلخانی
۱۲- آتشکده آذرگشنسب - ساسانی
۱۳- محل نگهداری آتش جاویدان - ساسانی
۱۴- معبد منسوب به آناهیتا - ساسانی
۱۵- سالن مهمانی ها - ساسانی
۱۶- دالان حفاظتی مجموعه مذهبی مقدس - ایلخانی
۱۷- رواق - ایلخانی

شکل۴-۶۸. نمایی شماتیک از شهر باستانی تخت سلیمان، تکاب.

در بیرون حصار مدور در شمال و باختر تخت سلیمان بر روی اراضی شیب‌دار تراس مانند، محدوده مسکونی وجود داشته است. آثار باقی‌مانده از خانه‌های مسکونی به‌صورت تراس، پله و اتاق دیده می‌شود. از خانه‌های به‌دست آمده از طریق کاوش‌ها به نظر می‌رسد که خانه‌ها به شکلی ناگهانی تخلیه و تسطیح شده‌اند و سکنه آن‌ها ظاهراً مجبور شده‌اند محل سکونت خود را ترک کنند. امروزه این منطقه خالی از سکنه است و به وسیله آب کانال‌کشی از آب دریاچه آبیاری شده، به‌طور کامل مورد استفاده کشاورزی است (شکل ۴-۶۹).

شکل ۴-۶۹. نمایی از حصارهای شهر باستانی تخت سلیمان، تکاب.

۲. **زندان سلیمان** یا زندان دیو از این باور قدیمی گرفته شده که در زمان حضرت سلیمان دیوهایی که از دستورات سلیمان‌نبی نافرمانی می‌کردند در این منطقه زندانی می‌شدند (شکل ۴-۷۰ و ۴-۷۱).

شکل ۴-۷۰. نمایی از زندان سلیمان، تکاب، (مهرداد سرهنگی).

شکل ۴-۷۱. نمایی از دیوار زندان سلیمان، تکاب، (مهرداد سرهنگی).

زندان سلیمان تپه‌ای پرشیب یا تک کوهی با ارتفاع حدود ۱۰۷ متر و دهانه‌ای به قطر ۶۵ متر و ژرفای ۸۰ متر (کل داخل آن استوانه‌ای شکل است) به جنس تراورتن است (شکل ۴-۷۲). این تپه دو ویژگی دارد.

شکل ۴-۷۲. نمایی از چشمه آبگرم تراورتن در کنار زندان سلیمان؛ تکاب (تخت سلیمان کوچک)، (مهرداد سرهنگی).

الف) ویژگی‌های زمین‌شناختی

زندان سلیمان بر روی کوهی قرار دارد که کاملاً از تراورتن ساخته شده است. این کوه در گذشته محل چشمه‌ای آبگرم بوده که امروزه به آن «چشمه خاموش» گفته می‌شود. چشمه در دوران فعالیت خود با رسوب‌گذاری و تراورتن‌سازی مداوم، دیواره مخروطی‌شکل کوه را تا ارتفاع حدود ۱۰۷ متر بالا برده است.

با افزایش ارتفاع و بسته شدن دهانه، فشار آب در کف مخزن به‌شدت زیاد شد. این فشار از یک‌سو و بروز زمین‌لرزه‌ای در شمال‌باختر منطقه موجب شکستگی در پیِ مخزن شد و آب دریاچه از طریق این شکستگی به‌صورت ستونی نیرومند از آن خارج گردید. در نتیجه، آب استخر زندان سلیمان تخلیه شد و مخزن کاملاً خشک گردید. چشمه‌های جدیدی که پس از این رخداد در امتداد گسل فعال شدند، امروز به شکل چشمه‌های آبگرم کنونی دیده می‌شوند؛ مانند چشمهٔ آبگرم احمدآباد که بناهایی در کنار آن ساخته شده است. در اطراف زندان سلیمان چند گنبد کوچک تراورتنی نیز بر اثر فعالیت چشمه‌های خشک‌شده دیده می‌شود. همچنین چشمه کوچکی در نزدیکی آن قرار دارد که می‌توان آن را نسخه ساده‌شده تخت سلیمان یا «تخت سلیمان کوچک» نامید.

ب) آثار باستانی

بر روی و پیرامون کوه زندان سلیمان، بناهای مسکونی باستانی وجود داشته که پیش‌تر به آن‌ها اشاره شد. پس از خشک شدن چشمه – حدود ۲۵هزار سال پیش – ساکنان منطقه که آب را مقدس و مظهر حیات می‌دانستند، گمان کردند که خشم الهی سبب خشکی چشمه شده است؛ ازاین‌رو منطقه را ترک کرده‌اند. این مردمان احتمالاً از اقوام مانایی بوده‌اند.

۳. کوه بلقیس تخت سلیمان کوه بلندی در شمال باختر تخت سلیمان است. سنگ‌های این کوه به‌طور عمده از نوع دگرگونی است که سن آن‌ها به اواخر زمان پرکامبرین (حدود ۷۵۰-۶۵۰ میلیون سال پیش) می‌رسد. بر فراز این کوه چند برج نگهبانی برای پاسداری از مجموعه تخت سلیمان و زندان وجود داشت که از فاصله دور، بر روی بلندترین کوه منطقه، از آتشکده آذرگشنسب دیده‌بانی می‌شد. این کوه طبیعت بسیار زیبایی دارد و برای رسیدن به آن باید از خودروهای صحرایی استفاده کرد. راه دسترسی بدان از کنار جاده معدن انگوران می‌گذرد که البته تا محل آثار باستانی با خودرو نمی‌توان رفت. راه منتهی به آن از کنار دره ساری‌چمن عبور می‌کند و در اواخر خردادماه و تیرماه بسیار زیبا و خنک است. امروزه با یک پیاده‌روی از راه معدن گارنت می‌توان بدان رسید.

۴.کوه طویله به طویله سلیمان معروف است. این ارتفاعات در روستای برنجه و در فاصله ۱۲ کیلومتری جنوب باختری تخت سلیمان واقع‌اند. کوه طویله دارای سازندهای مختلف زمین‌شناسی است که در بالای آن تراورتن وجود دارد که نشانه چشمه‌های خشک‌شده است. (شکل۴-۷۳).

۵. اژدها در محوطه بیرون حصار تخت سلیمان و در میان زمین‌های کشاورزی، ساختاری دیده می‌شود که به‌دلیل شکل ظاهری‌اش آن را «اژدها» می‌نامند. این ساختار در حقیقت جوی آبی است که در گذشته از تخت سلیمان جریان داشته و بر اثر رسوب‌گذاری تراورتن به‌تدریج شکل گرفته است. جوی یادشده اکنون حدود یک متر از سطح زمین‌های اطراف بلندتر است. به‌احتمال، این جوی اژدهاگونه در دوران ایلخانی فعال بوده است. در آن زمان مردم درباره آن افسانه‌هایی با مضمون اژدها روایت می‌کردند؛ مضامینی که بعدها به‌صورت نقوش اژدها بر روی کاشی‌های تخت سلیمان نیز بازتاب یافته است (شکل۴-۷۴).

۶. آثار یا معدنکاری کهن در نزدیکی محوطه تخت سلیمان، دو معدن بزرگ طلای ایران، یعنی زره‌شوران و آق‌دره، قرار دارند و به‌نظر می‌رسد معادن قابل‌اکتشاف دیگری نیز در پیرامون این منطقه وجود داشته باشد.

شکل۴-۷۳. نمایی از کوه طویله، تکاب.

شکل ۴-۷۴. نمایی از دیوار اژدها مانند تخت سلیمان، تکاب.

معدن زره‌شوران برگرفته از نام «زر» در گذشته است. این معدن در نزدیکی رودخانه‌ای قرار دارد که سرچشمه آن از کوه‌های شمالی منطقه بوده و پس از عبور از محدوده زره‌شوران، به رودخانه احمدآباد می‌پیوندد. در کناره این رود، دره‌های بالدرقانی و مال‌درسی قرار دارند. نام «زره‌شوران» از شیوه سنتی شست‌وشو و استخراج طلا برگرفته شده است؛ بدین‌صورت که مردم قدیم شن و ماسه کف رودخانه را برای یافتن طلا می‌شستند و ذرات طلا را جدا می‌کردند. باقیمانده‌های این شست‌وشو به‌صورت تپه‌های کوچک در سمت چپ رودخانه و در سمت راست جاده معدن انباشته می‌شد. این تپه‌ها امروز نیز پیش از رسیدن به روستای یارعزیز قابل مشاهده‌اند و تعدد و حجم آن‌ها نشانگر معدنکاری طولانی‌مدت و مستمر در گذشته است. شست‌وشوی طلا عمدتاً در نقاطی انجام می‌شد که شیب رودخانه کم و پهنای آن بیشتر بوده است. این مسیر، همراه با معدن طلای موجود در بخش بالادست، می‌تواند به‌عنوان یک ژئوسایت معدنکاری کهن معرفی شود (شکل ۴-۷۵).

معدن آق‌دره در جنوب باختری معدن زره شوران قرار دارد. یکی از معادن فعال طبیعی ایران است که کارخانه استحصال طلا دارد و بازدید از آن به گردشگران مشتاق معدنکاری طلای مدرن توصیه می‌شود.

شکل ۴-۷۵. نمایی از معدنکاری باستانی طلای زره‌شوران، تکاب.

۷. چشمه‌های آبگرم تراورتن‌ساز از ویژگی‌های مهم تخت سلیمان است. این چشمه‌ها همچنان در حال تولید تراورتن‌اند، هرچند سرعت تراورتن‌سازی آن‌ها نسبت به گذشته کاهش یافته است؛ زیرا مقدار کلسیم محلول در آب به دلیل شرایط زمین‌شناختی کمتر شده و جریان آب نیز به‌دلیل تشکیل تراورتن، از مسیر طبیعی خود منحرف می‌شود.

کشاورزان با هدایت آب در دو مسیر مشخص، باعث شده‌اند که جریان آب محدودتر شده و همین امر سرعت تراورتن‌زایی را کاهش داده است. تراورتن‌های تشکیل‌شده در طول زمان بخش‌هایی از آثار تمدن‌های هخامنشی، اشکانی و ساسانی را پوشانده‌اند. با انجام کاوش‌های باستان‌شناسی، تنها آثار مربوط به دوره ساسانیان نمایان شده است، هرچند نشانه‌هایی از وجود دو تمدن دیگر نیز به‌دست آمده است. به نظر می‌رسد شکوه و اهمیت این منطقه در دوره ساسانیان به اوج خود رسیده بوده است. بر اساس شواهد و حفاری‌های انجام‌شده، از زمان ساسانیان تاکنون در برخی نواحی حدود ۵/۲ متر تراورتن‌سازی صورت گرفته است (شکل ۴-۷۶).

شکل ۴-۷۶. نمایی از چشمه آبگرم تراورتن تخت سلیمان، تکاب.

تخت سلیمان باستانی این نام بیانگر شکل‌گیری ساختارهایی مشابه تخت سلیمان امروزی با اندازه‌های مختلف در منطقه است. یکی از این ساختارها، تیغه‌ای بزرگ است که در حدود یک کیلومتری شمالِ‌غربیِ بابانظر دیده می‌شود و توسط یک چشمه تراورتن‌ساز شکل گرفته است. در دوره‌ای بعد، به‌دلیل کاهش فشار آب، چشمه اولیه خشک شده و آب از نقطه‌ای دیگر ظاهر شده است؛ همین جابه‌جایی چشمه در گذر زمان، کوهی بسیار زیبا و ویژه را پدید آورده است.

پیشنهادهایی برای تأسیس ژئوپارک

با توجه به آنچه در مورد سایت باستان‌شناسی تخت سلیمان، زندان سلیمان، کوه بلقیس، آثار، معدنکاری قدیم و ویژگی‌های چشمه‌های آبگرم و چشمه خاموش و نیز ویژگی‌های کل منطقه گفته شد با اطمینان می‌توان گفت که این منطقه تمام ویژگی‌های یک ژئوپارک را داراست.

فصل پنجم

گردشگری طبیعی و زمین

چشمه‌ها با هم می‌جوشند، در پیوندی دلنشین

ترک و کرد با دل‌های یکسان، در آغوش سرزمین

۵-۱ مقدمه

آذربایجان باختری با جغرافیای خاص، میزان بارش، مرفولوژی، ویژگی‌های زمین‌شناختی، دریاچه‌ها، آبشارها، غارها، جاده‌های کوهستانی بین روستایی، جاذبه‌های گردشگری طبیعی و زمین‌شناختی بی‌همتایی به نمایش می‌گذارد که در اینجا مهم‌ترین آن‌ها توصیف می‌شوند.

۵-۲ جاده‌های استان آذربایجان باختری

جاده‌های استان با توجه به روند شمالی- جنوبی بودن استان در اصل استان دارای طول زیاد و پهنای نسبتاً کم می‌باشد و ارتباط با شهرهای داخل استان و استان‌های هم‌جوار گسترده است. این گستردگی‌ها طبیعت زیبایی دارند که برخی از آن‌ها توصیف می‌شوند:

جاده خوی- ارومیه از جاده‌های استان آذربایجان باختری (شکل ۵-۱) با سه ویژگی خاص است که به آن اشاره می‌شود.

- سرسبزی و وجود مزارع کشاورزی به‌ویژه آفتابگردان در حاشیه آن‌ها در بهار و تابستان.

شکل ۵-۱. نمایی از حواشی جاده خوی- ارومیه (موقعیت جغرافیایی "۱۰ ´۵۷ °۴۴ طول خاوری و "۵۱ ´۰۶ °۳۸ عرض شمالی).

- رویش شقایق فراوان که در حاشیه آن‌ها که به شکل دشت‌های پوشیده از شقایق در اردیبهشت‌ماه و اوایل خرداد دیده می‌شوند. این دشت‌ها در دو منطقه، سه‌راهی روستای شور یک در فاصله۱۰ کیلومتری سلماس به سمت خوی و منطقه خان‌تختی جلوه نمایان‌تر دارند.
- منطقه خان تختی و آثار باستانی و کندوکاری‌های خان تختی، منسوب به شاپور اول، که یادگار بازگشت وی از جنگ ارمنستان است.

جاده ارومیه- بند در ادامه به سد ارومیه (سد شهر چای) می‌رسد و از مسیر بند تا مرز ترکیه ادامه می‌یابد. این جاده طبیعت زیبایی دارد (شکل ۵-۲ و ۵-۳) به‌خصوص شهر چای که در ابتدای مسیر منطقه زیبای بند بر زیبایی آن افزوده و پر از رستوران‌های مدرن با انواع غذاهای ایرانی است. این جاده به سد شهر چای و با ادامه از کنار آن به یک طبیعت بسیار زیبا به مرز ترکیه و اشنویه می‌رسد (جاده اصلی اشنویه نیست).

شکل۵-۲. نمایی از جاده ارومیه- بند.

شکل۵-۳. نمایی از مناظر حاشیه جاده ارومیه-بند (سد شهر چای).

جاده ماکو-خوی، جاده ترانزیتی که دوبانده نیست و تردد در آن مشکل است. این جاده در محدوده دشت تبریز-خوی-ماکو قرار دارد و باغ‌های فراوان و مزارع کشاورزی در حاشیه آن دیده می‌شود و در اردیبهشت‌ماه در بخش‌هایی از آن انبوه گل‌های شقایق زیبایی خاصی به جاده می‌دهد. از دیگر پدیده‌های این جاده وجود بازالت‌های رودخانه زنگمار در نزدیکی ماکو (شکل ۵-۴) با ساختارهای زمین‌شناسی جالب و شگفت‌انگیز است.

شکل ۵-۴. نمایی از دشت شقایق در جاده ماکو-خوی (موقعیت جغرافیایی "۰۸ ´۵۷ °۴۴ طول خاوری و "۵۲ ´۰۵ °۳۹ عرض شمالی).

جاده خوی-رزی-قطور از خوی تا فاصله حدود ۱۵ کیلومتری بسیار سرسبز و پوشیده از باغ‌ها است. در این مسیر پل بزرگ و دیدنی قطور قرار دارد (شکل ۵-۵).

شکل ۵-۵. نمایی از جاده خوی-رزی (موقعیت جغرافیایی "۴۵ ´۵۳ °۴۴ طول خاوری و "۳۴ ´۳۱ °۳۸ عرض شمالی).

جاده نقده-اشنویه جاده‌ای سرسبز با باغ‌های فراوان است که از نقده به اشنویه می‌رسد (شکل ۵-۶ و ۵-۷).

شکل ۵-۶. نمایی از جاده نقده-اشنویه.

شکل ۵-۷. نمایی از جاده اشنویه-نقده در فصل برداشت سیب.

جاده ارومیه-اشنویه و پیرانشهر-سردشت مسیری سرسبز و خنک با درخت‌های فراوان در فصل بهار، تابستان و اوایل پاییز است. در این مسیر دره زیبای قاسملو دیده می‌شود که در بهار و تابستان‌ها خنک و سرسبز، پاییزی زیبا و زمستانی برفی دارد. قبل از پیرانشهر جاده اشنویه از این جاده جداشده و به سردشت می‌رسد که عموماً کوهستانی است.

جاده تکاب-قره‌آغاج از طریق شهر تکاب به احمدآباد و سپس به روستاهای سمت زره‌شوران، آق‌بلاغ، عربشاه، آرپاچای و مریم ادامه می‌یابد و درنهایت به قره‌آغاج می‌رسد. در طول این مسیر طبیعت زیبا، چشمه‌های فراوان، جویبارها، سرشاخه‌های زیادی از رودخانه‌ها و آبشار زیبایی وجود دارد (شکل ۵-۸).

شکل ۵-۸. نمایی از جاده عربشاه -آرپاچای.

آبشار که در جاده عربشاه و در موقعیت جغرافیایی "۲۸ ´۰۷ °۴۷ طول خاوری و "۱۵ ´۴۴ °۳۶ عرض شمالی قرار دارد یکی از زیباترین آبشارهای کنار جاده در استان آذربایجان باختری است که در بیشتر فصل‌های سال آب دارد و فضای سرسبز کنار آن بسیار زیباست (شکل ۵-۹).

شکل ۵-۹. نمایی از آبشار جاده عربشاه-قره‌آغاج.

در مسیر این جاده بعد از آقا بلاغ و قبل از عربشاه یک چشمه گوگرد، با آب تلخ و سوزان، در کنار راه وجود دارد که جوشش از کف چشمه مشاهده می‌شود. در ادامه وارد مسیر رودخانه‌ای می‌شویم که در فصل بهار زیرآب و غیرقابل گذر است.

جاده ارومیه-مهاباد از باختر دریاچه ارومیه می‌گذرد که زیبایی دریاچه و زمین‌های دشت پیرامون را توأم دارد (شکل ۵-۱۰).

شکل ۵-۱۰. نمایی از جاده ارومیه-مهاباد (موقعیت جغرافیایی "۵۲ ´۴۱ °۴۵ طول خاوری و "۰۵ ´۵۵ °۳۶ عرض شمالی).

جاده میاندوآب-شاهین‌دژ-تکاب از این طریق می‌توان به تخت سلیمان و سپس به دندی و زنجان رسید. جاده‌ای که بیشتر سمت میاندوآب-شاهین‌دژ و دارای مزارع کشاورزی و رسوبات است. از شاهین‌دژ-تکاب جاده بیشتر کوهستانی است و زیبایی‌های کوهستانی خاص به‌ویژه در نزدیکی و پیرامون سه‌راهی پیچاقچی دارد.

جاده روستای بین شاهین‌دژ-تکاب بین شهر شاهین‌دژ و تکاب جاده‌های روستایی زیادی، از جمله جاده بین مابین بولاغ به کوه شاخ-شاخ و ازآنجا به گوجه قلعه، وجود دارد که برخی بسیار زیبا هستند ولی برای گذر از آن نیاز به‌وسیله نقلیه با دنده کمکی است.

جاده نقده-ارومیه در بخشی از این مسیر دریاچه حسنلو قرار دارد که منظره زیبایی به جاده داده است (شکل ۵-۱۱) پسروی آب دریاچه از منظره زیبای این مسیر کاسته است.

شکل ۵-۱۱. نمایی از جاده نقده-ارومیه دریاچه حسنلو (موقعیت جغرافیایی "۴۵ ´۲۸ °۴۵ طول خاوری و "۴۹ ´۰۳ °۳۷ عرض شمالی).

جاده مهاباد-سردشت این جاده مسیری کوهستانی (با شیب ملایم و جنگل‌های پراکنده) دارد و در بهار و تابستان زیبایی خاصی دارد.

جاده پیرانشهر-مهاباد این جاده کوهستانی بوده، دسترسی بدان از طریق روستای هنگ‌آباد با خودروی صحرایی مناسب امکان‌پذیر است. دو مسیر دارد، یکی از هنگ‌آباد به کانی نوبتیان و ازآنجا به مهاباد و دیگری هنگ‌آباد به قلات-شهرستن که عبور از آن با ماشین معمولی هم ممکن است.

جاده ماکو-بازرگان و پلدشت این جاده مرزی است و از کنار کوه آرارات عبور می‌کند (شکل ۵-۱۲).

شکل ۵-۱۲. نمایی از پیرامون جاده ماکو-بازرگان.

جاده مهاباد-میاندوآب از دشت‌های سرسبز و مناطق کشاورزی عبور می‌کند و در فصل بهار زیبایی خاصی دارد (شکل ۵-۱۳ و ۵-۱۴) باغ‌های سیب حاشیه جاده جلوه خاصی به آن می‌دهد.

شکل ۵-۱۴. نمایی از سد مهاباد.

جاده ماکو-چالدران (سیه‌چشمه) از طریق روستای کشمش‌تپه به سمت شهر سیه‌چشمه می‌رود. در این مسیر علاوه بر مزارع و مراتع مرتفع چند پدیده زمین‌گردشگری از جمله بازالت‌های منشوری کم‌نظیر ماکو قرار دارد.

از این جاده به دشت چالدران موردتوجه ازنظر تاریخی (محل رویداد اولین جنگ ایران در دوره صفویه با سلطان عثمانی) می‌رسیم که دشتی زیبا و دیدنی است. این جاده درنهایت به کلیسای قره‌کلیسا می‌رسد (شکل ۵-۱۵).

شکل ۵-۱۵. نمایی از جاده ماکو-چالدران (موقعیت جغرافیایی "۴۳ ´۱۰ °۴۴ طول خاوری و "۲۵ ´۲۰ °۳۹ عرض شمالی).

جاده چالدران (سیه‌چشمه)- قره‌ضیاءالدین این جاده مسیری به سمت قره‌کلیسا، در فاصله حدود ۱۸ کیلومتری شهر سیه‌چشمه یا چالدران، منشعب می‌شود (شکل ۵-۱۶).

شکل ۵-۱۶. نمایی از جاده قره‌کلیسا (موقعیت جغرافیایی "۲۲ ´۳۴ °۴۴ طول خاوری و "۰۲ ´۰۴ °۳۹ عرض شمالی).

جاده بازرگان-پل‌دشت این مسیر با عبور از دشت و کوه در نزدیکی مرز ایران و ترکیه واقع‌شده است. در این مسیر روستای بسیار سرسبز و پر از باغ گجوت با ارزش گردشگری واقع شده است (شکل ۵-۱۷).

زیبایی جاده در دیدن دو قله آرارات بزرگ و آرارات کوچک در کناره هم و نیز دیدن مرز چهارگانه ایران، ترکیه، ارمنستان و نخجوان است. وجود سنگ‌های بازالتی با ساختارهای متفاوت نیز دیدنی است. به گردشگران این منطقه توصیه می‌شود در مسیر ماکو از این جاده مرزی، یعنی بازرگان-پل‌دشت و پل‌دشت-ماکو دیدن کنند.

شکل ۵-۱۷. نمایی از جاده ماکو-بازرگان.

جاده تکاب-شاهین‌دژ-قره اقاج بازار این جاده فرعی و کوهستانی از طریق روستای مائین‌بلاغ به سمت کوه شاخ-شاخ و از آنجا به گوچه‌قلعه، قره‌آغاج و هشت‌رود یا مراغه می‌رسد. این جاده بسیار زیبا و کم تردد است. عبور از این مسیر در فصل تابستان و اواخر بهار با خودروی صحرایی مناسب امکان‌پذیر است (شکل ۵-۱۸). در کنار این جاده می‌توان از زیبایی آتش‌فشان قدیمی کوه بابا و روستای پیر سقا، با چشمه آبفشان، دیدن کرد.

شکل ۵-۱۸. نمایی از کوه شاخ-شاخ.

۵-۳ منابع آبی استان آذربایجان باختری

۵-۳-۱ آبشارهای استان آذربایجان باختری

استان آذربایجان باختری بعد از استان‌های گیلان و مازندران پرآب‌ترین و دارای بیشترین بارش در سال است. آبشارهای بسیار زیبایی با اهمیت گردشگری در استان وجود دارد. آبشارها علاوه برجذب گردشگر غیربومی مکان تفریحی مناسبی برای بومیان و کوهنوردان است. استان آذربایجان غربی هرچند در نتیجه ندانم‌کاری‌ها و بحران مدیریت کلان در بخش آب و کشاورزی دریاچه ارومیه را خشک کردند، اما این استان منابع نسبتاً قوی از آب دارد. حتی از این استان مقداری آب توسط یکسری رودخانه از ایران خارج می‌شود از جمله آب رودخانه زاب.

آبشار سوله‌دوکل در حاشیه روستای سوله‌دوکل و فاصله ۵۷ کیلومتری باختری ارومیه در دامنه کوه دالامپر در محل تلاقی مرز ایران و ترکیه قرار دارد (شکل ۵-۱۹).

شکل ۵-۱۹. نمایی از آبشار سوله دوکل، (علی ثقفی).

آبشار شلماش در فاصله ۹ کیلومتری جنوب شهر سردشت قرار دارد و در اصل از سه آبشار تشکیل‌شده که بر روی‌هم ۸۵ متر ارتفاع دارند که به شکل پلکانی دنبال هم هستند. آبشار اول در محل ایستگاه، دو آبشار دیگر بافاصله نسبتاً زیادی از اولی واقع‌شده‌اند. سرچشمه این آبشار یکی از شاخه‌های رودخانه زاب استان کردستان است.

شکل ۵-۲۰. نمایی از آبشار شلماش سردشت، (علی ثقفی).

آبشار سلوک در روستای سلوک در فاصله ۳۲ کیلومتری باختری شهر ارومیه قرار دارد. ارتفاع آن ۷۶ مترو سرچشمه آب آن از ارتفاعات کوه سلوک است.

آبشار قلعه‌جوق در روستای قلعه‌جوق و در فاصله ۵ کیلومتری جنوب باختری شهر ماکو قرار دارد. ارتفاع آن حدود ۸۰ متر است.

آبشار بدلان خوی با ارتفاع نزدیک به ۵۰ متر در روستای بدلان و در فاصله حدود ۲۵ کیلومتری باختر شهر خوی قرار دارد. و از آبشارهای دائمی استان به‌شمار می‌رود.

آبشار شرشره مشهور به عرب‌دیزج، در شهرستان چالدران در روستای عرب‌دیزج و در فاصله حدود ۴۰ کیلومتری شمال باختری شهر سیه‌چشمه قرارگرفته است. این آبشار و سرسبزی پیرامونش بسیار زیباست و گردشگران را به خود جذب می‌کند (شکل ۵-۲۱).

شکل ۵-۲۱. نمایی از آبشار شرشر، چالدران (مهرداد سرهنگی).

۵-۳-۲ سد استان آذربایجان باختری

سد نازلو: این سد در فاصله ۲۶ کیلومتری شمال باختری شهر ارومیه بر روی رودخانه نازلوچای بناشده است. رودخانه از ارتفاعات کشور ترکیه سرچشمه می‌گیرد (شکل ۵-۲۲).

شکل ۵- ۲۲. تصویری از سد نازلو- عکس از مهرداد سرهنگی.

۵-۳-۳ دریاچه‌های استان آذربایجان باختری

دریاچه ارومیه بزرگ‌ترین دریاچه داخل کشور و شورترین دریاچه ایران است. دومین دریاچه شور دنیا و تنها دریاچه، دارای یک نوع سخت‌پوست به نام آرتمیا (گونه نادری از سخت‌پوستان) است. جزایر و سواحل آن از مناطق گردشگری به‌حساب می‌آیند. این دریاچه با سواحل مختلف نمکی، لجنی، ماسه‌ای و سنگی به همراه دهکده‌های زیبا در کنار آن، سواحل کوهستانی، جزایر زیبا در شمال، دهکده‌های اقامتی و بسیاری دیدنی‌های زیبای دیگر زیبایی منحصر به فردی دارد. این توصیف به بیست تا سی سال گذشته مربوط می‌شود چرا که امروزه دریاچه‌ای در حال مرگ و خشک شدن است.

وضعیت امروزی دریاچه چون بیماریی درمان‌ناپذیر به‌نظر می‌رسد. با وجود هیاهوی بسیار راهکارهای عملی نجات و احیای آن دست‌نیافتنی می‌نماید. شاید فقط جمع اشک‌هایی که در مرثیه نابودی دریاچه ارومیه به‌تنهایی ریخته می‌شود بتواند آن را سیراب کند! شکل ۵-۲۳ تا ۵-۲۵ نمایی از دریاچه ارومیه را در سال‌های آبادانی آن نشان می‌دهد.

شکل ۵-۲۳. نمایی از دریاچه ارومیه، (مهرداد سرهنگی).

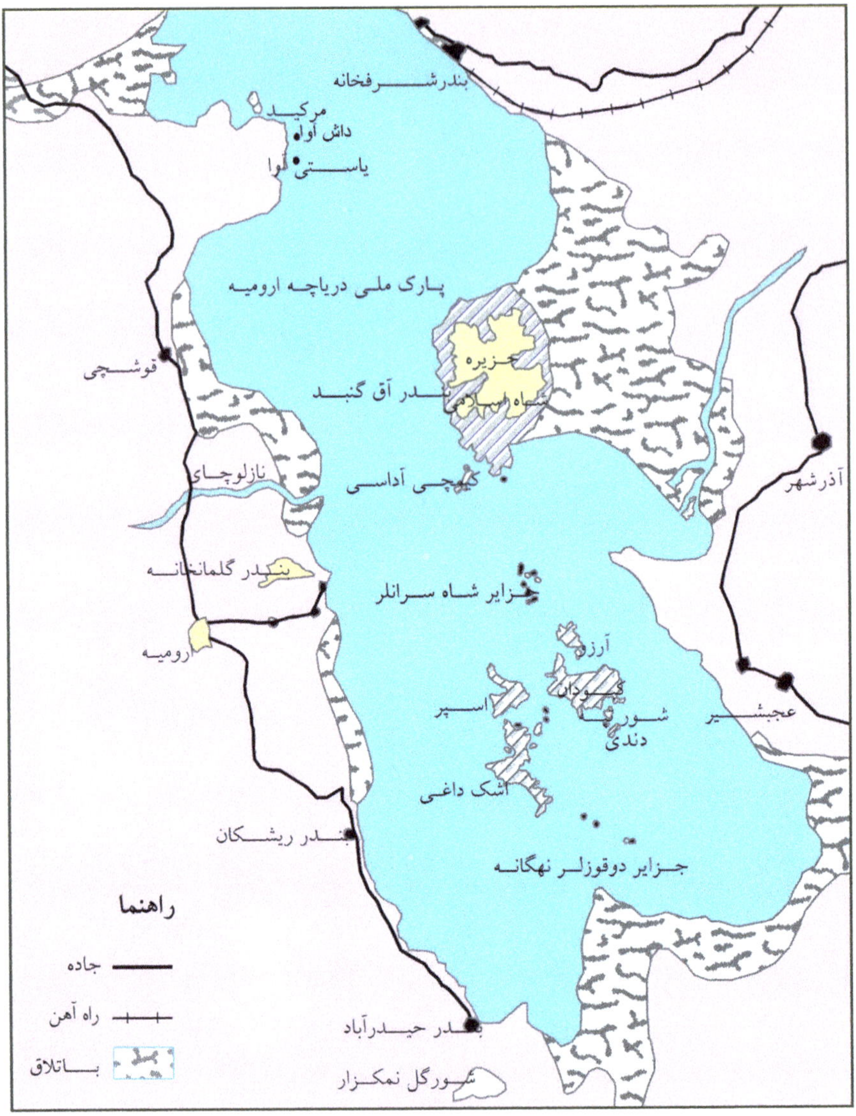

شکل ۵-۲۴. نمایی از دریاچه ارومیه در سال‌های آبادانی، بیست‌تا سی سال پیش.

شکل ۵-۲۵. نمایی از دریاچه ارومیه، (منیژه اسد پور).

سعدی به روزگاران مهری نشسته در دل
بیرون نمی‌توان کرد الا به روزگاران

کوچك شدن و گذر به سمت خشکیدن دریاچه ارومیه سال‌هاست که به‌طور جدی از سوی متخصصان امور منابع طبیعی و زیستی محیطی مطرح می‌شود چرا که عواقب آن برای همه ساکنان پیرامون آن احساس می‌شود. در این مختصر نگارنده به‌عنوان یك آشنا به منابع طبیعی کشور، از روی درد و مسئولیت، چکیده‌ای درباره دریاچه ارومیه و راهکارهای نجات آن را بیان می‌دارد. در ابتدا سعی می‌شود با این دریاچه قدری آشنایی پیدا کنیم و آنچه درباره خصوصیات و ویژگی‌های آن می‌نگاریم، مربوط به این دریاچه در دهه‌های پیش است نه دهه اخیر.

۱. تاریخچه دریاچه ارومیه: در دوره‌های مختلف تاریخ به اسامی گوناگون نامیده شده است، آشوری‌ها این دریاچه را «سیما»، و مادها آن را «شیکاسته» می‌نامیدند. در اوستا نام این دریاچه «چیچسته» و در سایر کتب پهلوی آن را «چی‌چست»، «جی‌جست» و «جی‌گست» نیز گفته‌اند.

۲. چگونگی تشکیل دریاچه ارومیه: دریاچه کم‌ژرفا و وسیع ارومیه که دریکی از پایین‌ترین فرونشست‌های فلات آذربایجان جای دارد، از جمله دریاچه‌های فوق اشباع از نمك انگشت شماری است که در مورد چگونگی و خاستگاه تشکیل آن نگره‌های چندی بیان شده است. بر اساس بررسی‌های انجام شده و بهره‌گیری از نوشته‌های یادشده (شهرابی، ۱۳۷۳) می‌توان نتیجه گرفت که:

الف) دریاچه ارومیه به شکل کنونی آن پدیده نسبتاً جوانی است که از نگاه زمین‌شناسی ساختمانی دریکی از جنبنده‌ترین ناحیه‌های شمال باختری کشورمان جای دارد و پس از آخرین دوره یخچالی تشکیل‌شده است.

ب) در آغاز به‌صورت پایگاه آب‌های شیرین رودخانه‌ای بوده که به‌تدریج با شکل‌گیری و رسیدن به مرحله تعادل و تکامل به‌صورت کنونی درآمده است.

ج) دلایل چندی وجود دارد که مي‌توان پذیرفت این دریاچه بازمانده مستقیمی از دریاچه‌ای بزرگ‌تر می‌باشد.

د) دریاچه ارومیه یکی از چند دریاچه غیرعادی اشباع از نمك‌های گوناگون در دنیا است. آب، انواع نهشته‌ها، سیستم محیط‌زیست و چرخه آبی با دریاچه بزرگ نمك در آمریکا شباهت زیادی دارد.

۳. ویژگی‌های دریاچه ارومیه: دریاچه ارومیه، دریاچه‌ای است که درازای آن ۱۴۰ کیلومتر و پهنای آن از ۱۵ (کم‌پهناترین قسمت) تا ۵۰ کیلومتر (پهن‌ترین قسمت) بوده، مساحت آن بین ۵۰۰۰ تا ۶۰۰۰ کیلومترمربع است. این تغییر مساحت به علت بالا و پایین رفتن سطح آب دریاچه مي‌باشد. اکنون وسعت دریاچه خیلی کمتر از این مقدار است و بین تابستان، پاییز، بهار و زمستان وسعت دریاچه بسیار در تغییر است (شکل ۴-۲۶ و ۴-۲۷).

حداکثر مساحت دریاچه در ماه‌های اردیبهشت و خرداد به‌دلیل ذوب کامل برف کوه‌های پیرامون آن است و حداقل گسترش آن در ماه‌های مهر و آبان مي‌باشد که آب ورودی به حداقل مي‌رسد و تبخیر تابستانی را پشت سر گذاشته است. تغییر شوری آب در کل دریاچه تابع ژرفای آب دریاچه و آب ورودی و میزان تبخیر سالیانه است و با افزایش ژرفا شوری آن کم‌تر مي‌شود. درجه شوری آب دریاچه چند برابر دریاهای معمولی است و حالت اشباع تا فوق اشباع دارد (اکنون تمام فوق اشباع است).

آمارها و شرایط کنونی دریاچه نشان می‌دهد که کاهش آب دریاچه از ۳۰ سال شروع شد و عقب‌نشینی آب دریاچه از ۳۰ سال اخیر شروع شد و دریاچه نشان می‌دهد و روند کاهش آب دریاچه سیر صعودی داشته است. علت کاهش آب ورودی را می‌توان به‌طور خلاصه به‌صورت زیر برشمرد:

- احداث سد در مسیر رودهای ورودی و استفاده هر چه بیشتر آب از حوضه‌های بالادستی.
- گسترش زمین‌های زیر کشت و باغات پیرامون دریاچه تا حداقل ۵۰کیلومتری از مرکز دریاچه، بطوریکه می‌توان گفت حداقل در سه دهه اخیر وسعت زیر کشت و باغ‌ها تا ۴۰۰ درصد افزایش یافته است.
- تغییر نوع کشت و باغ‌ها به‌طور مثال عمده باغ‌های انگور که می‌تواند حتی در منطقه دیمی باشند و حداکثر نوبت آب در سال برای آن‌ها کافی است. این باغ‌ها اغلب به باغ‌های سیب تغییر کرده‌اند که حداقل در سال ۱۰نوبت آب نیاز دارد.
- به‌تناسب افزایش باغ‌ها و وسعت زیر کشت و تغییر تنوع درختان بر تعداد چاه‌ها ژرف و نیمه ژرف برای تأمین افزایش کشت و محصولات، سفره‌های تأمین‌کننده زیرزمینی که بخشی از آب دریاچه را تشکیل داده‌اند، از منبع تأمین حذف شده‌اند.

دریاچه ارومیه يك میراث طبیعی است، همچنان که بسیاری از پدیده‌های زمین‌شناختی و ریخت‌شناسی، مانند ژئوپارك‌ها، غارها، دریاچه‌ها، قله‌های آتش‌فشانی، دره‌های تنگ و زیبا، گنبدهای نمکی زیبا، غارهای نمکی، چشمه‌های آبگرم، آبشارها و... میراث طبیعی هستند.

حفظ و نگهداری آن‌ها به عهده سازمان‌های موجود نظیر سازمان منابع طبیعي، سازمان محیط‌زیست و به‌خصوص سازمان میراث فرهنگي، صنایع‌دستی و گردشگری مي‌باشد.

این سازمان در حقیقت متولی میراث طبیعی کشور هم مي‌باشد. به‌نظر مي‌رسد با توجه به مسئول بودن این سازمان و نبود کارشناسان متخصص در امور منابع طبیعی و زمین‌شناسی بسیاری میراث طبیعی کشور ناشناخته و درعین‌حال بدون متولی هستند.

بنابراین به‌نظر مي‌رسد که سازمان میراث فرهنگی و سازمان جهانگردی مي‌بایستی برای حفظ و نگهداری میراث طبیعی اداره‌ای مستقل تشکیل دهد و آن را در جهت شناخت و نگهداری هر چه بیشتر منابع طبیعی توسعه و گسترش دهد.

دریاچه ارومیه یک‌روزه، یک‌ماهه و یک‌ساله به سمت خشکیدن نرفته است که طی همان بازه زمانی بتوان آن را به حالت طبیعی برگرداند، بنابراین هر راهکار و طرح و برنامه‌ای که برای اصلاح وضع موجود به کار گرفته شود باید بامطالعه دقیق و حساب‌شده باشد.

شکل ۵-۲۶. نمایی از رسوبات نمکی دریاچه ارومیه، (منیژه اسد پور).

شکل ۵-۲۶. نمایی از رسوبات نمکی دریاچه ارومیه، (منیژه اسد پور).

شکل ۵-۲۷. نمایی از رسوبات نمکی دریاچه ارومیه، (منیژه اسد پور).

راهکارهایی که می‌توان از هم‌اکنون برای جلوگیری از خشک شدن دریاچه ارومیه و بازگشت دوباره آن به کاربست. در شکل ۴-۲۸ و ۴-۲۹ نمایی از بخش‌های مختلف دریاچه ارومیه را نشان می‌دهد. در زیر راهکارهایی ارائه شده که به آن می‌پردازیم:

۱. درجه شوری دریاچه ارومیه در ۳۰ سال اخیر، به‌خصوص سال ۱۳۸۵ خورشیدی تاکنون خیلی افزایش چشم‌گیری داشته است به‌طوری‌که در کف، حاشیه دریاچه و نقاط کم‌عمق کفه‌های نمکی را مي‌توان مشاهده نمود. یکی از راهکارهایی که در اصلاح مشکل دریاچه میسر خواهد بود کاستن از نمك دریاچه است. در حال حاضر که فصل خشك مي‌باشد و کفه‌های نمکی در حاشیه دریاچه فراوان هستند می‌توان این نمك‌ها را جمع‌آوری و از محیط خارج کرد که خود کمك بزرگی در کاستن نمك دریاچه است.

۲. یکی از رودخانه‌هایی که باعث افزایش میزان شوری دریاچه شده رودخانه تلخه‌رود (آجی‌چای) است که عامل اصلی ورود نمك به دریاچه بوده و مي‌باشد. آب این رودخانه به‌خودی‌خود شیرین است و اغلب سرشاخه‌های آن دارای آب شیرین می‌باشد. اما این

رودخانه در قسمت‌هایی از مسیر خود از سازندهای نمکی و گنبدهای نمکی عبور می‌کند که موجب شوری آن می‌شود. بنابراین یکی دیگر از راه‌های مناسب کاستن از نمك دریاچه، انحراف مسیر این رودخانه از مسیرهای دارای نمک است.

۳. به‌نظر نگارنده احداث بزرگراه شهید کلانتری به شکل کنونی یکی از بزرگ‌ترین اشتباهاتی است که رخ‌داده و بر تغییر اکوسیستم در این دریاچه مؤثر بوده است. این پل می‌توانست با یک تونل بزرگ‌راه زیرزمینی هم داشته باشد بخصوص که بستر دریاچه از سنگ‌های آتش‌فشانی سخت تشکیل‌شده است. مشابه تونل مانش بین انگلیس و فرانسه که البته طول این تونل کمتر از ۰/۱ طول آن می‌باشد.

۴. ارسال بخشی از آب‌های پشت سدها به دریاچه در فصل‌های سرد و پرآب از دیگر راهکارهاست.

۵. انحراف پاره‌ای از سرشاخه‌های رودخانه ارس که در داخل خاك ایران هستند به دریاچه درصورتی‌که مشکلی برای کشورهای همسایه پیش نیاید و همچنین انتقال آب رودخانه سیلو در ناحیه پیرانشهر و انتقال بخشی از آب رودخانه زاب به دریاچه نیز می‌تواند مؤثر باشد.

۶. همان‌طور که قبلاً بیان شد بخشی از آب دریاچه را چشمه‌های کف دریاچه تأمین می‌کنند. احداث چاه‌های کشاورزی در کاستن آب دریاچه مؤثر بوده است، لذا می‌توان با تغییر سیستم آبیاری، برداشت آب از چاه‌ها در زمان‌های خاصی از سال و تغییر کشت از باغ‌های سیب به باغ‌های انگور (به دلیل نیاز به آب کمتر) حجم آب دریاچه را کنترل نمود.

۷. انتقال آب از دریای کاسپین به دریاچه ارومیه نیز می‌تواند یکی از راهکارهای کاربردی باشد.

شکل ۵-۲۸. نمایی از بخش‌هایی از دریاچه ارومیه که شدت تبخیر از آب ورودی بسی بیشتر است، (منیژه اسد پور).

شکل ۵-۲۹. نمایی از کشتی که لنگر آن با رسوبات نمکی پوشیده شده است، (منیژه اسد پور).

۵-۳-۴ رودخانه‌های استان آذربایجان باختری

در استان آذربایجان غربی به دلیل بارش نسبتاً قابل‌توجه و کوهستانی بودن استان و اختلاف شیب بین کوه‌ها و حوضه آبریز که همان دریاچه ارومیه می‌باشد تعداد قابل‌توجه رودخانه وجود دارد.

رودخانه سیمینه‌رود از ارتفاعات کوه‌های زمزیران و خسرو ابراهیم سرچشمه می‌گیرد و پس از ورود به استان آذربایجان باختری و عبور از شهر بوکان به دریاچه ارومیه می‌ریزد. این رودخانه درگذشته نه‌چندان دور پرآب بود. ولی در سال‌های اخیر دبی آن به‌شدت افت کرد (شکل ۵-۳۰).

شکل ۵-۳۰. طغیان زیبای سیمینه‌رود به سمت دریاچه ارومیه، (وبگاه ۶).

رودخانه زرینه‌رود درازترین رودخانه استان می‌باشد و فاصله از سرچشمه تا حوضه آبریز حدود ۳۰۰ کیلومتر می‌رسد. از ارتفاعات کوه چهل چشمه در استان کردستان و شهرهای مسیر سرچشمه گرفته، پس از عبور از کردستان وارد استان آذربایجان باختری و پس از عبور از شهرهای شاهین‌دژ و میاندوآب درنهایت به رودخانه ارومیه می‌رسد. این رودخانه پرآب‌ترین رودخانه استان می‌باشد (شکل ۵-۳۱).

شکل ۵-۳۱. زرینه‌رود، یکی از زیباترین و مهم‌ترین رودخانه‌های استان آذربایجان غربی، (وبگاه ۷).

رودخانه گدار در منطقه از کوه‌های اشنویه سرچشمه می‌گیرد و در منطقه نقده جاری است و زمین‌های اشنویه و نقده را آبیاری می‌کند و پس از مسافتی حدود ۱۰۰ کیلومتر دریاچه ارومیه می‌ریزد.

رودخانه‌های پیرامون شهر ماکو، رودخانه‌های ساری‌سو، زنگمار و آواجیق که از دامنه‌های کوه‌های آرارات سرچشمه می‌گیرند. رودخانه ساری‌سو پس از عبور از شهر پلدشت به رودخانه ارس می‌پیوندد. اینرودخانه در شهر ارومیه هم جریان می‌یابد و به دریاچه ارومیه می‌ریزد. سد شهر چای در مسیر این رودخانه قرار دارد.

رودخانه‌های پیرامون شهر خوی، رودخانه‌های قطور چای، الندچای، آق‌چای (با افزوده آب‌های چشمه‌های شاهانک و ایواغلی) با تلفیق رودخانه زیلبرچای رودخانه قطورچای را تشکیل می‌دهند که درنهایت به ارس می‌پیوندد.

رودخانه‌های پیرامون ارومیه رودخانه‌های نازلوچای، روضه چای، شهرچای و باراندازچای در اطراف شهر ارومیه قرار دارند. این رودخانه‌ها از ارتفاعات کشور ترکیه سرچشمه می‌گیرد.

رودخانه زنگمار از کوه‌های مرزی ترکیه سرچشمه می‌گیرد و با گذر از ماکو، در ناحیه پلدشت به ارس می‌ریزد. بستر رودخانه در برخی از جاها بازالتی، گاهی با ژرفای حدود ۱۵ متر، و دو طرف آن‌هم بازالتی است. درواقع زمانی این رودخانه بازالتی‌های آرارات را به دشت ماکو منتقل

می‌کرده است. کف این رودخانه و دیواره‌های آن به دلیل بارانی بودن در پیرامون ماکو زیبایی خاصی دارد.

رودخانه مهاباد از به هم پیوستن رودخانه بیطاس و رودخانه ده‌بکر ایجاد شده است. این رودخانه پس از عبور از داخل شهر مهاباد و روستای خورخوره و باتلاق‌های دریاچه ارومیه به دریاچه ارومیه می‌پیوندد (شکل ۵-۳۲).

شکل ۵-۳۲. نمایی از رودخانه مهاباد.

۵-۴ پدیده‌های زمین‌شناسی استان آذربایجان باختری

همان‌طور که نقشه زمین‌شناسی نشان می‌دهد این استان دارای تنوعی از سنگ‌های آذرین-دگرگونی و رسوبی باسن‌های پرکامبرین تاکنون است. در این استان پدیده‌های زمین‌شناسی و معدنی وجود دارند که برخی از دیدگاه زمین‌گردشگری جالب و قابل‌توجه‌اند. از جمله اینها عبارت‌اند از:

بازالت‌های منشوری ماکو این بازالت‌ها در مسیر جاده ماکو به چالدوران در نزدیکی مرز ایران و ترکیه قرار دارد. احتمالاً منشاء آنها از آتش‌فشان‌هایی که در سرزمین‌های ترکیه می‌باشند نیز هست. این بازالت‌ها درنتیجه فوران و فعالیت‌های آتشفشانی زمان زمین‌شناسی پلیو-کواترنر تشکیل یافته‌اند. در هر فوران بخشی از گدازه تشکیل و درنتیجه ضخامت زیادی از گدازه ایجاد می‌شود.

با سرد شدن گدازه‌ها و کاهش حجم درزه‌ها اشکال چندوجهی (پنج، گاه چهار و هفت‌ضلعی) به‌صورت منشوری ایجاد می‌شود. این اشکال در چند فوران متناوب و با یک انقطاع زمانی ولی پی‌درپی شکل‌گرفته‌اند (شکل ۵-۳۳ تا ۵-۳۵). این تیپ بازالتی‌ها به شکل ضعیف‌تری در منطقه مهاباد-بوکان وجود دارد (شکل ۵-۳۶).

شکل ۵-۳۳. نمایی از بازالت‌های منشوری ماکو.

شکل ۵-۳۴. نمایی از بازالت‌های منشوری ماکو.

شکل ۵-۳۵. نمایی از بازالت‌های منشوری ماکو.

شکل۵-۳۶. نمایی از ساخت منشوری در منطقه مهاباد، (مهرداد سرهنگی).

ساختارهای سنگی آتشفشانی آرارات در منطقه ماکو، پلدشت و بازرگان در منطقه ماکو، پلدشت و بازرگان گدازه بازالتی گسترده‌ای مشاهده می‌شود که از آرارات سرچشمه گرفته است. گدازه‌های بازالتی ماکو از گسترده‌ترین بازالت‌های کواترنری منطقه باختر کشور و حاصل جریان‌های گدازه‌ای بازالتی آتشفشانی کوه آرارات است. مهم‌ترین بخش این گدازه‌ها از دامنه‌های خاوری و جنوبی کوه آرارات وارد بستر رودخانه ساری‌سو شده، به دشت بازرگان رسیده است. پس از پوشانیدن قسمت عمده‌ای از این دشت، گدازه‌ها با تغییر مسیر از راه دره باختر شهرستان ماکو، پس از ورود به مسیر رودخانه زنگمار از طریق بستر این رودخانه به دشت پلدشت رسیده‌اند. به‌نظر می‌رسد این گدازه‌ها از مسیری دیگر، از حاشیه رودخانه ارس نیز وارد دشت پلدشت شده باشد. گدازه‌ها در دشت پلدشت گسترش زیادی دارند و مانند رودخانه طغیان کرده، مناطق یاد شده را پوشانده‌اند. فعالیت‌های آتش‌فشانی کوه آرارات از نوع بازالت‌های سیلابی بوده است (شکل ۵-۳۷).

شکل ۵-۳۷. نمایی از گدازه‌های پلدشت.

گدازه‌های بازالتی کواترنری منطقه ازلحاظ ریخت‌شناسی دارای ساخت سطحی از نوع پاهوهو، آآ، توموئلوس، طنابی، شکاف‌های فشاری، حفره‌دار، گدازه‌های گل‌کلمی و همچنین ساخت‌های درونی شامل انواع ساخت‌های منشوری، لایه‌بندی گدازه‌ای، غارها کوچک و کانال‌های گدازه‌ای است.

سیلاب‌های بازالتی رودخانه زنگمار در نزدیکی ماکو در دو طرف جاده بازالت‌های جوانی قرار گرفته که از کوه آرارات تأمین می‌شده است. این بازالت‌ها مانند یک سیلاب از کوه‌های آرارات سرچشمه گرفته، با گذر از رودخانه زنگمار (امروزه در درون شهر جای دارد) و شهر ماکو بخش بزرگی از دشت ماکو و پلدشت را پدید آورده‌اند (شکل ۵-۳۸).

شکل ۵-۳۸. نمایی از سیلاب‌های بازالتی رودخانه زنگمار، ماکو.

آثار معدنکاری تخت سلیمان این آثار در مجموعه تخت سلیمان قرار دارند و در معادن زره‌شوران و آق‌دره دیده می‌شوند. توصیف جزئیات آن در بحث تخت سلیمان آمده است.

۵-۵ چشمه‌های آبگرم و معدنی استان آذربایجان باختری

چشمه ثریا در کنار روستای بورالان و در فاصله ۸۰ کیلومتری شمال شهر ماکو در نزدیکی مرز ایران و کشور ترکیه قرار دارد. آب چشمه در دره‌های کوه آرارات در بین درختان جریان دارد.

چشمه آبگرم تخت سلیمان در بحث تخت سلیمان به آن اشاره شد.

چشمه آبگرم و معدنی باراندوز این چشمه در حواشی رودخانه باراندوز و در نزدیکی روستای هفت‌آباد قرار دارد.

چشمه آبگرم اسی‌سو در بین جاده ارومیه-سلماس نزدیک گردنه قوشچی قرار دارد.

چشمه آب گرم زرین‌دشت در مسیر شهر سلماس قبل از گردنه قوشچی قرار دارد.

چشمه گوگردی آق‌طاق این چشمه در منطقه تکاب بین روستای آق‌طاق و آرپاچای قرار دارد. این چشمه، علی‌رغم کوچک بودن، یک چشمه آرتزین و خروج گاز از آن از دور مشخص است. رسوبات زردرنگ در حاشیه استخر قابل مشاهده است. از معدود چشمه‌های واقع در سنگ‌های آتش‌فشانی جوان و از این رو غنی از H_2S و CO_2 است. جاده روستای آق طاق از نزدیکی معدن زره‌شوران جدا می‌شود (شکل ۵-۳۹).

شکل ۵-۳۹. نمایی از چشمه گوگردی آق‌طاق، تکاب.

چشمه کانی گراون این پدیده‌ی زیبا و چشم نواز، از گونه‌ی آمیغی پشته وآبشاره‌ی تراورتنی است. در دوکیلومتری شمال باختری شهر(ربط) درجاده‌ی مهاباد به سردشت (آذربایگان باختری) و۱۲کیلومتری سردشت است که آن را به نام کانی گراوان می‌خوانند (کانی= چشمه و گراوان= آب سخت وسنگین به زبان کردی). دراین پدیده، بخش روی زمینی آن پشته‌ای و بخش دره‌ای آن آبشارگونه‌ی تراورتنی است که همزمان بنیاد شده‌اند در دره‌ی هرمزآباد، یکی از شاخه‌های دست چپ رودخانه‌ی زاب کوچک است. این پدیده‌ی کوچک را که درازای آن از۸۰ متر بیشتر نیست، مانند نگین کوچکی در گستره‌ی سبز وخرم از کشت‌زارها و درختان بلوط ("بلوط") است، شناسایی خاستگاه آن آسان نیست و چه بسا ناشدنی باشد (شکل ۵-۴۰ و ۵-۴۱).

شکل ۵-۴۰. نمایی از چشمه کانی گراون، (مهرداد سرهنگی).

شکل ۵-۴۱. چشمه گراوان سردشت، (مهرداد سرهنگی).

چشمه ثریا این چشمه در دامنه کوه آرارات در مرکز ایران با کشورهای ترکیه قرار دارد، در اصل این چشمه یک از تأمین‌کنندگان آب رودخانه ارس می‌باشد (شکل ۵-۴۲).

۵-۶ غارهای استان آذربایجان باختری

غار سهولان در استان آذربایجان باختری، در فاصله ۴۳ کیلومتری جنوب شهر مهاباد و در روستای سهولان قرار دارد. سهولان در زبان کردی به معنای یخبندان است. غار دارای دو بخش آبی و خاکی هرکدام به طول ۲۵۰ متر است. از ویژگی‌های این غار اختلاف سطح آب دریاچه غار و سقف غار، گاهی تا ۵۰ متر است. ژرفای دریاچه نیز، با میانگین ۲۲ متر، گاهی به بیش از ۵۰ متر می‌رسد. در این غار خفاش و کبوتر چاهی دیده می‌شود.

وجود فراوان لانه کبوتر و قندیل‌های زیبا و بزرگ مناظر زیبایی به آن داده است. قرارگرفتن غار در بین کوه‌ها و دره‌ای ژرف پر درخت بر زیبایی غار افزوده است. اختلاف دمای فصول تابستان و زمستان غار حدود ۱۵-۱۰ درجه است. با آن که این تفاوت چندان زیاد نیست رطوبت داخل غار (بین ۸۰-۷۰ درصد) نسبتاً بالاست. بخش‌هایی از غار که چراغانی شده امکان قایقرانی در دریاچه را فراهم آورده است (شکل ۵-۴۳ و ۵-۴۴).

شکل ۵-۴۳. نمایی از بخش آبی غار سهولان، مهاباد.

شکل ۵-۴۴. نمایی از بخش خاکی غار سهولان، مهاباد.

غار علی شیخ در فاصله ۲ کیلومتری روستای علی شیخ در مسیر جاده خوی به چالدران، در ارتفاع ۵۰ متری، قرار دارد (شکل ۵-۴۵).

شکل ۵-۴۵. نمایی از غار علی شیخ، (وبگاه ۸).

غار تمتمان در فاصله ۱۵ کیلومتری شمال باختر شهر ارومیه در روستای تمتمان یا تمتمه قرار دارد و اولین غار مسکونی در ایران است. برپایه برخی شواهد غار یک اقامتگاه تابستانی بوده است. بر اساس بررسی‌های کارلتون استانلی کوون آثار جانوری شامل سمور، کفتار، گاو وحشی، آهو، گوسفند و غیره در این غار کشف شده است (شکل ۵-۴۶).

شکل ۵-۴۶. نمایی از غار تمتمان، (وبگاه ۱).

تالاب سولدوز در ساحل جنوبی دریاچه ارومیه در حومه شهرستان نقده قرار دارد. این تالاب دارای مساحت ۳۷۵ هکتار بوده و در ارتفاع متوسط ۱۲۷۷ متری از سطح دریا قرار دارد. این تالاب در یک منطقه ساحلی به‌طور کلی مسطح که در اصل بخشی از شوره‌زارهای ساحلی دریاچه ارومیه بوده ایجاد شده است (شکل ۵-۴۷).

شکل۵-۴۷. نمایی از تالاب سولدوز، (مهرداد سرهنگی) و (وبگاه ۹).

که در بین مردمان بومی منطقه با نام تالاب سیران یا سیران گولی نیز شناخته می‌شود یکی از نوزده تالاب فصلی و دائمی شهرستان نقده در استان آذربایجان غربی است. این تالاب دائمی در فاصله ۲۰ کیلومتری از شهر نقده و در ضلع جنوبی دریاچه ارومیه قرارگرفته است (شکل ۵-۴۸).

شکل۵-۴۸. نمایی از تالاب دورگه سنگی نقده، (مهرداد سرهنگی).

منابع:

۱. اطلس گیتاشناسی استان‌های ایران (۱۳۹۳). چ ۲. تهران، موسسه جغرافیایی و کارتوگرافی گیتا شناسی.

۲. افشارسیستانی، ایرج (۱۳۸۲). نگاهی به آذربایجان‌غربی، انتشارات ثامن الائمه، تهران.

۳. ایزدی، رضا (۱۳۹۳). جغرافیای سیاسی آذربایجان‌غربی، دانشگاه تبریز، تبریز.

۴. بختیار، افشین (۱۳۸۴). آذربایجان‌غربی، انتشارات گویا، تهران.

۵. بقایی، دانیال (۱۴۰۳). استان آذربایجان‌غربی: کانون همزیستی ادیان، amagestate.com.

۶. بهرامی، سارا (۱۳۹۷). تحولات تاریخی و اجتماعی آذربایجان‌غربی در سده بیستم، پایان‌نامه کارشناسی ارشد رشته تاریخ و تمدن اسلامی، دانشگاه ارومیه.

۷. جعفری، محمد.، حسینی، زهرا (۱۳۹۷). تحلیل تغییرات اقلیمی و تاثیر آن بر کشاورزی استان آذربایجان‌غربی، فصل‌نامه جغرافیای کشاورزی ایران، دوره ۱۲، شماره ۴، صفحه ۱۱۵-۱۳۵.

۸. چراغی، مریم (۱۳۹۶).فرهنگو هنر آذربایجان‌غربی، انتشارات دانشگاه ارومیه، ارومیه.

۹. حسینی، علی (۱۳۹۷). ارومیه: تاریخ، جغرافیا و توسعه شهری، انتشارات دانشگاه ارومیه، ارومیه.

۱۰. رضوی، سید محمود (۱۳۹۸). تاریخ انقلاب و تحولات در آذربایجان‌غربی، انتشارات جهاد دانشگاهی، تهران.

۱۱. شریفی، محمدرضا.، اسدی، نرگس (۱۳۹۷). بررسی زمین‌شناسی و ساختارهای تکتونیکی منطقه ارومیه در آذربایجان‌غربی، فصل‌نامه زمین‌شناسی ایران، دوره ۲۰، شماره ۳، صفحه ۵۰-۷۵.

۱۲. شفیعی، رضا.، احمدی، نرگس (۱۳۹۸). تحلیل روند تغییرات بارش و دما در استان آذربایجان غربی در نیم قرن اخیر، فصل‌نامه اقلیم‌شناسی ایران، دوره ۱۰، شماره ۳، صفحات ۵۰-۷۰.

۱۳. صادقی، فاطمه (۱۳۹۵). اقوام و زبان‌های آذربایجان‌غربی، مرکز مطالعات اقوام ایرانی، تهران.

۱۴. صادقی، فاطمه (۱۳۹۹). بررسی نقش زبان ترکی آذربایجانی در حفظ هویت فرهنگی مردم آذربایجان‌غربی، فصل‌نامه‌ی مطالعات اقوام و فرهنگ‌ها، دوره ۵، شماره ۲، صفحه ۴۰-۶۵.

۱۵. قربانی، زهرا (۱۳۹۲). جغرافیای استان آذربایجان‌غربی، انتشارات دانشگاه ارومیه، ارومیه.

۱۶. قربانی،منصور.، صالحی یزدی، مژگان (۱۳۹۷). ایران‌شناسی با نگرشی بر گردشگری شهری، طبیعت‌گردی و زمین گردش‌گری شمال باختری ایران، جلد ۴، انتشارات آرین زمین، تهران.

۱۷. کاظمی، محمدرضا (۱۳۹۸). تاریخ آذربایجان‌غربی از گذشته تا انقلاب اسلامی، انتشارات دانشگاه ارومیه، ارومیه.

۱۸. مرادی، علی‌اکبر.، احمدی، سارا (۱۳۹۷). تاثیر مهاجرت‌های داخلی بر ساختار اجتماعی آذربایجان‌غربی، پژوهش‌های اجتماعی ایران، دوره ۱۰، شماره ۳، صفحه ۷۵-۹۵.

۱۹. مرادی،اکبر (۱۳۹۵). تاریخ آذربایجان، انتشارات آفاق، تهران.

۲۰. مقدم، زهرا و همکاران (۱۳۹۶). آذربایجان‌غربی: فرهنگ، تاریخ و جغرافیا، انتشارات مرکز پژوهش‌های منطقه‌ای آذربایجان‌غربی، ارومیه.

۲۱. مهرابی (مترجم)،. وکیل‌زاده (عکاس) (۱۳۸۸). آذربایجان‌غربی خاستگاه تمدن، انتشارات میردشتی، تهران.

۲۲. نقیبی، حسین (۱۳۹۴). تاریخ ارومیه و آذربایجان‌غربی، انتشارات توس، تهران.

۲۳. نوری، زهرا (۱۳۹۷). تحلیل روند تغییرات اقلیمی و تاثیر آن بر کشاورزی استان آذربایجان‌غربی، پایان‌نامه کارشناسی ارشد جغرافیا و برنامه‌ریزی شهری دانشگاه تبریز.

۲۴. وبگاه ۱، https://balad.ir.

۲۵. وبگاه ۲، https://www.kojaro.com.

۲۶. وبگاه ۳، https://www.google.com.

۲۷. وبگاه ۴، https://www.alibaba.ir.

۲۸. وبگاه ۵، https://fa.tripyar.com.

۲۹. وبگاه ۶، https://www.asriran.com.

۳۰. وبگاه ۷، https://etook.news.

۳۱. وبگاه ۸، https://fa.wikipedia.org.

۳۲. وبگاه ۹، https://solduzwetland.ir

درباره دکتر منصور قربانی

در اردیبهشت‌ماه سال ۱۳۴۰ در روستای ننج ملایر به‌دنیا آمد. تحصیلات ابتدایی خود را در همین روستا و دوره راهنمایی و دبیرستان را در شهرستان ملایر پشت‌سر گذاشت. وی تحصیلات عالی را در سال ۱۳۶۲ در رشته زمین‌شناسی در دانشگاه شهیدبهشتی شروع و در سال ۱۳۶۷ دوره کارشناسی زمین‌شناسی را به پایان رساند. منصور قربانی اولین فارغ‌التحصیل دوره کارشناسی ارشد (سال ۱۳۷۰) در رشته زمین‌شناسی از دانشگاه شهید بهشتی تهران است و در سال ۱۳۷۸ مدرک دکتری در شاخه پترولوژی و متالوژنی را از همین دانشگاه دریافت کرد. از همان سال به عضویت هیأت علمی دانشگاه شهید بهشتی تهران درآمد و تا امروز که مرتبه استاد تمامی دارند در دوره‌های کارشناسی، کارشناسی ارشد و دکتری فعالیت آموزشی مستمر داشته‌اند؛ قربانی بعلاوه از زمره پژوهشگران نمونه دانشگاه شهید بهشتی بوده، رساله بیش از یک‌صد دانشجوی کارشناسی ارشد و دکتر را راهنمایی کرده‌اند.

طی فعالیت‌هایی پژوهشی علمی و میدانی چشمگیر در سراسر ایران، در تمام نقاط ایران کاوش‌های گسترده‌ای در علوم زمین و جغرافیای طبیعی و مردم‌شناسی داشته‌اند؛ حاصل پژوهش‌های ایشان در علوم زمین و منابع طبیعی ایران و ایران‌شناسی، در بیش از ۵۰ اثر علمی، شامل کتاب (ازجمله سه کتاب با انتشار از سوی اشپرینگر)، نقشه (ازجمله نقشه متالوژنی خاورمیانه)، اطلس و بیش از ۱۵۰ مقاله در سطح ملی و بین‌المللی منتشرشده است. همچنین در چندین همایش ملی و یک همایش بین‌المللی، سابقه دبیر علمی و اجرایی را در کارنامه خود دارد. او اندیشمندی است که ایران‌شناسی را در چهار قالب طبیعت، تاریخ، فرهنگ و منابع طبیعی آن آموخته و در هم‌پیوسته است.

پیمایش‌های صحرایی و بازدیدهای سالیان وی از منابع طبیعی (معدنی، انرژی، آب‌ها) زمین‌شناسی، بازدید شهرها و طبیعت ایران، علاقه‌اش به تاریخ و تمدن ایران و مطالعه پیوسته وی در این قلمروها دستاوردهای دیگری داشته است؛ این‌ها شامل شناخت بیشتر فرهنگ اقوام ایرانی و نقش محیط طبیعی بر ویژگی‌های فرهنگی، اجتماعی

تاریخی و اقتصادی و همچنین آشنایی هرچه بیشتر با منابع طبیعی و ویژگی‌های اقلیمی و تاریخی شهرها و سرزمین‌های ایران است. حاصل مطالعات ایران‌شناسی دکتر قربانی قبلاً در یک دوره ۱۰ جلدی (ایران‌شناسی با نگرشی گردشگری شهری، طبیعت و زمین) انتشار یافته، و کتاب حاضر (ایران‌شناسی، طبیعت، تاریخ و فرهنگ ایران‌زمین) مقدمه انتشار یک مجموعه ۳۳ جلدی ایران‌شناسی با نگرش جدید است.

تأسیس مرکز پژوهشی زمین‌شناسی پارس آرین زمین و انتشارات آرین زمین در سال ۱۳۸۱ و نیز تلاش در زمینه انتشار مجله سرزمین‌های پارس آرین از سال ۱۴۰۲ در تحقق اهداف یادشده نقش اصلی را داشته‌اند. هر سه این‌ها اینک کانونی برای فعالیت دانشمندان، کارشناسان با تجربه و افراد علاقه‌مند به فعالیت‌های پژوهشی در زمینه‌های مرتبط هستند. در این میان اقبال هم با مرکز پژوهشی زمین‌شناسی پارس آرین‌زمین و انتشارات آرین زمین همراه بوده، این مرکز با انتشار کتاب‌ها و نقشه‌های بسیار، فعالیت‌های مؤثری در زمینه منابع طبیعی ایران و ایران‌شناسی داشته است.

برای تهیه کتابهای جامع مصور ایرانشناسی
و مجموعه سی سه جلدی استانی دیگر می توانید به وبسایت زیر مراجعه کنید:

www.kidsocado.com